KLASSENARBEITEN

Mathematik 10. Klasse

Horst Lautenschlager

STARK

Bildnachweis

Umschlag: Bild: Norbert Aepli, Switzerland –
http://commons.wikimedia.org/wiki/File:Zentrum_Paul_Klee_Bern_15.JPG
This file is licensed under the Creative Commons „Attribution 2.5 Generic" license.

Seite 1: © Pakhnyushchyy / Dreamstime.com

Seite 38: Bild: Johannes Eiseler, München –
http://commons.wikimedia.org/wiki/File:Walchenseekraftwerk-2jpg.jpg
This file is licensed under the Creative Commons „Attribution ShareAlike 3.0" license.

Seite 44: Big Ben: © Godrick / Dreamstime.com
Steckdosensicherung: Redaktion

Seite 51: © Sean Barley / Dreamstime.com

Seite 74: Bild: Ville Koistinen – http://commons.wikimedia.org/wiki/File:Lyra.png
This file is licensed under the Creative Commons „Attribution ShareAlike 3.0" license.

Seite 95: © iofoto / Ron Chapple Stock – Polylooks

ISBN 978-3-89449-584-8

Inhalt

Klassenarbeiten zum Themenbereich 3: Graphen ganzrationaler Funktionen – Vertiefen der Funktionenlehre 95

Autor: Horst Lautenschlager

Vorwort

Liebe Schülerin, lieber Schüler,

die Inhalte des Mathematikunterrichts im achtjährigen Gymnasium werden in allen Jahrgangsstufen den vier Themensträngen „Zahlen“, „Funktionen“, „Geometrie“ und „Stochastik“ zugeordnet. Zentrale Themenbereiche in der 10. Jahrgangsstufe sind:

	Zahlen	**Funktionen**	**Geometrie**	**Stochastik**
Themenbereich 1	Kreiszahl π	funktionale Aspekte der Trigonometrie	Kreis; Kugel; geometrische Aspekte der Trigonometrie	
Themenbereich 2		exponentielles Wachstum und Logarithmen		zusammengesetzte Zufallsexperimente
Themenbereich 3		Graphen ganzrationaler Funktionen; Vertiefen der Funktionenlehre		

Gleichmäßig übers Schuljahr verteilt werden von dir aus diesen Stoffgebieten 3 Klassenarbeiten gefordert. Dieses Buch hilft dir bei der Vorbereitung auf diese Prüfungen, indem es dir ermöglicht, individuelle Schwachstellen und Kenntnislücken rasch und gezielt aufzudecken und effektiv zu beseitigen.

- Dazu bietet es dir für jeden der vier Themenbereiche sorgfältig konzipierte, normierte Klassenarbeiten mit **ausführlichen, kommentierten Lösungen**.
- Sollte dir der Einstieg in eine Aufgabe schwer fallen, helfen dir die **Hinweise und Tipps**, die du nach jeder Klassenarbeit noch vor den Lösungen findest, dennoch selbstständig den richtigen Ansatz zu finden.
- Die **Gesamtbearbeitungszeit** beträgt für jede Klassenarbeit 45 Minuten. Anhand der Zeitangaben kannst du bei jeder Teilaufgabe überprüfen, ob dein individuelles Arbeitstempo den Erwartungen entspricht.

- Bei jeder Klassenarbeit können maximal 30 **Bewertungseinheiten** erreicht werden. Deine Leistung kannst du, wenn du willst, mithilfe der von dir erreichten Bewertungseinheiten mit folgendem Schlüssel in eine Note umrechnen.

Notenschlüssel					
Note 1	Note 2	Note 3	Note 4	Note 5	Note 6
30,0–26,0	25,5–21,5	21,0–17,0	16,5–12,0	11,5–6,0	5,5–0

- Die Zahl der „Nüsse“ im Lösungsteil informiert dich über den **Schwierigkeitsgrad** der Aufgaben:

 einfach

 mittel

 schwer

- Die **Merkhilfe** für Mathematik, auf die in den Lösungen bei Formeln und Regeln verwiesen wird, findest du im Internet auf den Seiten des bayerischen Staatsinstituts für Schulqualität und Bildungsforschung (www.isb.bayern.de) unter den Materialien.

Bei einer gewissenhaften Arbeit mit diesem Buch kannst du deinen aktuellen Leistungsstand rasch realistisch einschätzen. Wenn du dann durch konsequente Nacharbeit den festgestellten Mängeln begegnest, hast du die wesentlichen Schritte auf dem Weg zu besseren Mathematiknoten gemacht.

Ich wünsche dir viel Erfolg!

Horst Lautenschlager

Klassenarbeiten zum Themenbereich 1

- Kreiszahl π
- Kreis und Kugel
- Geometrische und funktionale Aspekte der Trigonometrie

Klassenarbeit 1

BE

1 Die Abbildung zeigt die Felder einer Dartscheibe. Aus Gründen der Übersichtlichkeit sind die Wertigkeiten der Segmente nicht angegeben.

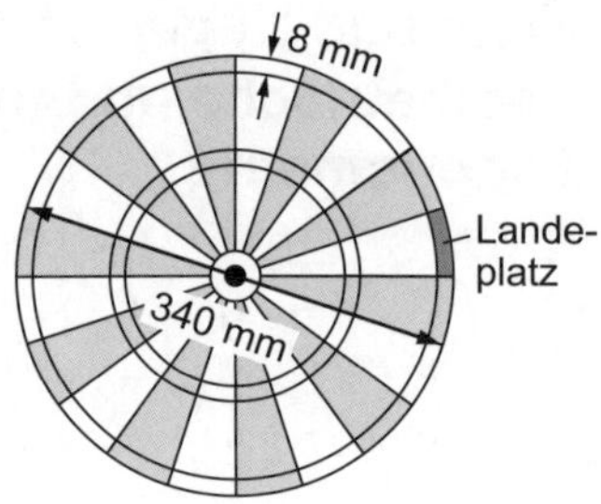

a) Berechne den Flächeninhalt des dunkel getönten Feldes („Landeplatz“). 3

b) Mit welcher Wahrscheinlichkeit P landet eine Stubenfliege im markierten Feld, wenn sie sich wahllos auf der Dartscheibe niederlässt? 2

2 Das obere Bild zeigt einen frisch gefliesten Badezimmerboden. Er wurde mit lauter gleichen quadratischen Fliesen der Kantenlänge 25,0 cm belegt. Eine davon ist im unteren Bild dargestellt. Sie weist eine mit uranhaltiger, radioaktiver Farbe glasierte, von zwei gleich großen Kreisbögen (Radius r = 25,0 cm, Mittelpunkte in gegenüberliegenden Fliesenecken) begrenzte Teilfläche auf.
1 cm² der bemalten Fläche strahlt mit einer Aktivität von 17 Becquerel (Bq). Berechne die Aktivität der gesamten Bodenfläche. 5

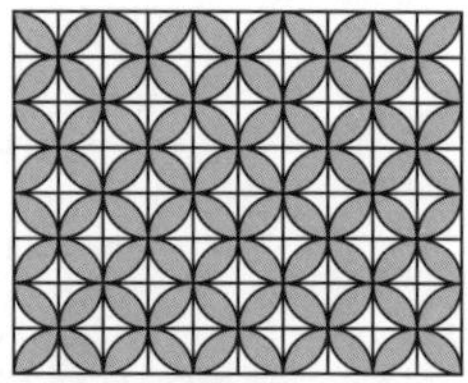

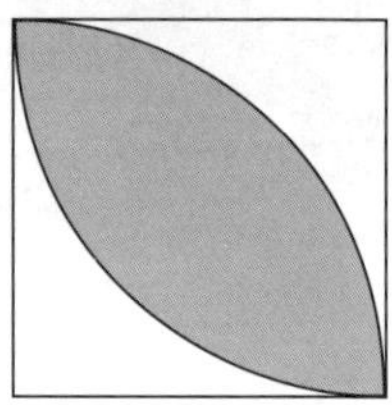

3 Für ein Mobile werden nebenstehend abgebildete „Fischchen“ aus Draht gebastelt. Wie viel cm Draht benötigt man für ein Fischchen, wenn die Kreisbögen um die Mittelpunkte M_1 und M_2 den gleichen Radius besitzen? 4

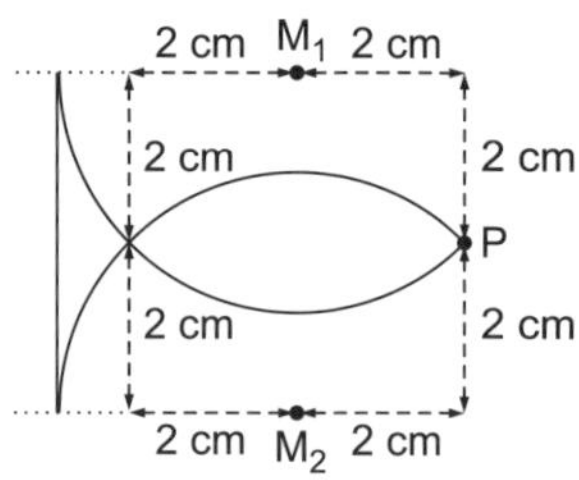

4 Drücke ohne Verwendung des Taschenrechners $\cos 846°$ und $\sin\left(-\frac{4\pi}{5}\right)$ mithilfe von Winkeln des ersten Quadranten aus und stelle einen Zusammenhang zwischen $\cos 846°$ und $\sin\left(-\frac{4\pi}{5}\right)$ her. 8

5 Eine Kugel mit dem Rauminhalt $\frac{500 \cdot \pi}{3}$ cm^3 wird im Abstand 4 cm von ihrem Mittelpunkt von einer Ebene geschnitten. Berechne auf cm^2 genau den Inhalt der Schnittfläche. 8

Hinweise und Tipps

1
- Das markierte Feld ist Teil einer Kreisringfläche. Berechne zunächst den Flächeninhalt dieses Kreisrings.
- Wie viele Kreissektoren hat die Dartscheibe?
- Die gesuchte Wahrscheinlichkeit ist das Verhältnis zweier Flächen.

2
- Die Hälfte der eingefärbten Fläche auf einer Fliese lässt sich mithilfe eines Viertelkreises und eines gleichschenkligen rechtwinkligen Dreiecks ausdrücken. Berechne daraus den Flächeninhalt für eine Fliese.
- Wie viele Fliesen sind insgesamt vorhanden?

3
- Der benötigte Draht besteht aus zwei Kreisbögen und einer Strecke.
- Der Radius der Kreissektoren lässt sich mithilfe des Satzes von Pythagoras berechnen.
- Ermittle den Mittelpunktswinkel des Kreissektors.

4
- Sinus- und Kosinuswerte ändern sich nicht, wenn man im Argument 360° bzw. 2π addiert oder subtrahiert.
- Rückführungsformel: $\sin(180° - \alpha) = \sin\alpha$ bzw. $\cos(180° - \alpha) = -\cos\alpha$

5
- Berechne zunächst den Kugelradius aus dem gegebenen Volumen.
- Den Radius des Schnittkreises kannst du mithilfe des Satzes von Pythagoras berechnen.

Lösung

1 a) 5 Minuten,

Die äußere Ringfläche wird von zwei Kreisen begrenzt, deren Radien gegeben sind durch:

$r_{\text{außen}} = \frac{340\text{ mm}}{2} = 170\text{ mm}$ und		0,5
$r_{\text{innen}} = 170\text{ mm} - 8\text{ mm} = 162\text{ mm}$		0,5

Der Flächeninhalt dieser Fläche beträgt:

$A_{\text{Ring}} = r_{\text{außen}}^2 \cdot \pi - r_{\text{innen}}^2 \cdot \pi$	Formel für Kreisfläche (siehe Merkhilfe)	0,5
$= (r_{\text{außen}}^2 - r_{\text{innen}}^2) \cdot \pi$	π ausklammern	
$= (170^2\text{ mm}^2 - 162^2\text{ mm}^2) \cdot \pi$	Zahlenwerte einsetzen	
$= 8\,344{,}1\text{ mm}^2$	Taschenrechner	0,5

Da die 20 Sektoren der Dartscheibe gleich groß sind, gilt für den Inhalt A_x der gesuchten Fläche:

$A_x = \frac{1}{20} \cdot 8\,344{,}1\text{ mm}^2 = 417{,}2\text{ mm}^2$		1

b) 4 Minuten,

Inhalt A_{gesamt} der Scheibe:

$A_{\text{gesamt}} = r_{\text{außen}}^2 \cdot \pi$	Formel für Kreisfläche (siehe Merkhilfe)	0,5
$= (170\text{ mm})^2 \cdot \pi = 90\,792{,}0\text{ mm}^2$	Zahlenwerte einsetzen; Taschenrechner	0,5

Gesuchte Wahrscheinlichkeit:

$P = \frac{A_x}{A_{\text{gesamt}}}$	Laplace-Wahrscheinlichkeit	0,5
$= \frac{417{,}2\text{ mm}^2}{90\,792{,}0\text{ mm}^2} = 0{,}0046$	Zahlenwerte einsetzen; Taschenrechner	0,5

2 8 Minuten,

Den Inhalt A der grau markierten Fläche im Bild rechts erhältst du, indem du von der Fläche eines Viertelkreises mit Radius r = 25,0 cm die Fläche eines rechtwinkligen Dreiecks, dessen Katheten r = 25,0 cm lang sind, subtrahierst:

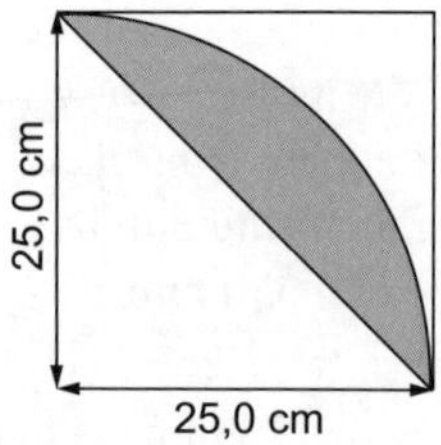

1

$A = \frac{1}{4} \cdot r^2 \cdot \pi - \frac{1}{2} \cdot r \cdot r$ — Formel für Kreis- und Dreiecksfläche — 1

$= r^2 \cdot \left(\frac{\pi}{4} - \frac{1}{2}\right)$ — r^2 ausklammern

$= (25{,}0\ \text{cm})^2 \cdot \left(\frac{\pi}{4} - \frac{1}{2}\right)$ — Zahlenwerte einsetzen — 0,5

$= 178{,}4\ \text{cm}^2$ — Taschenrechner — 0,5

Fliesenanzahl: $N = 80$ — 10 bzw. 8 Fliesen in einer horizontalen bzw. vertikalen Reihe — 0,5

Farbige Fläche pro Fliese: $2 \cdot 178{,}4\ \text{cm}^2$ — 0,5

Farbige Gesamtfläche: $A_{ges} = 80 \cdot 2 \cdot 178{,}4\ \text{cm}^2 = 28\,544\ \text{cm}^2$ — 0,5

Gesamtaktivität: $28\,544 \cdot 17\ \text{Bq} = 485\,248\ \text{Bq}$ — 0,5

3 10 Minuten,

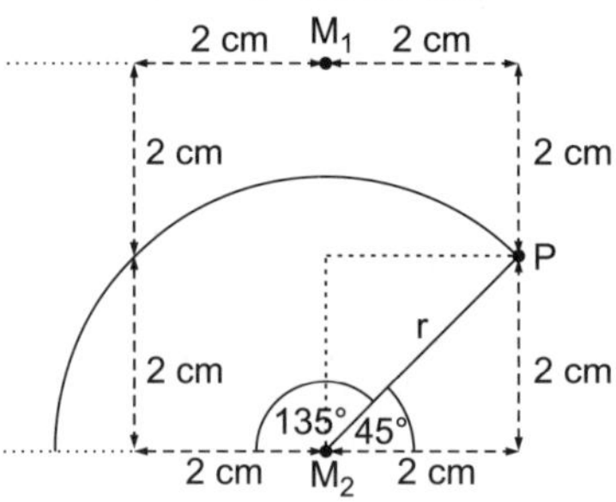

1

Der Radius r eines der beiden Kreisbögen hat die Länge der Diagonalen in einem Quadrat mit der Kantenlänge 2 cm: $r = 2\ \text{cm} \cdot \sqrt{2}$ — 1

Da ein Kreisbogen zu einem Kreissektor mit Mittelpunktswinkel 135° gehört, gilt für seine Länge ℓ: $\ell = \frac{135°}{360°} \cdot 2 \cdot r \cdot \pi = 0{,}75 \cdot r \cdot \pi$ — 0,5

Da das Fischchen von zwei solchen Kreisbögen und einer 4 cm langen Strecke begrenzt wird, gilt für den gesuchten Umfang: 0,5

$U = 4\text{ cm} + 2 \cdot 0{,}75 \cdot 2\sqrt{2} \cdot \pi\text{ cm} = 17{,}3\text{ cm}$ 1

4 8 Minuten,

Rückführung auf Winkel des 1. Quadranten:

$\cos 846° = \cos(846° - 2 \cdot 360°)$	Periode des Kosinus im Gradmaß: 360°	1
$= \cos(846° - 720°)$	$2 \cdot 360° = 720°$	0,5
$= \cos 126°$		0,5
$= -\cos(180° - 126°)$	$\cos(180° - \alpha) = -\cos\alpha$	0,5
$= -\cos 54°$		0,5
$\sin\left(-\frac{4\pi}{5}\right) = -\sin\left(\frac{4\pi}{5}\right)$		1
$= -\sin\left(\pi - \frac{4\pi}{5}\right)$	$\sin(-x) = -\sin x$	1
$= -\sin\left(\frac{\pi}{5}\right)$	$\sin(\pi - x) = \sin x$	1
$= -\sin 36°$	$\pi \mathrel{\hat{=}} 180° \Rightarrow \frac{\pi}{5} \mathrel{\hat{=}} \frac{180°}{5} \Rightarrow \frac{\pi}{5} \mathrel{\hat{=}} 36°$	0,5
$= -\cos(90° - 36°)$	Komplementärformel: $\sin\alpha = \cos(90° - \alpha)$	0,5
$= -\cos 54°$		0,5

Insgesamt gilt daher:

$\cos 846° = \sin\left(-\frac{4\pi}{5}\right)$ 0,5

5 10 Minuten,

Berechnung des Kugelradius R:

$\frac{4}{3} \cdot R^3 \cdot \pi = \frac{500 \cdot \pi}{3}\text{ cm}^3$	Formel für Kugelvolumen (siehe Merkhilfe)	1
$R^3 = \frac{500}{4}\text{ cm}^3$	auf beiden Seiten mit $\frac{3}{4}$ multiplizieren und durch π dividieren	1
$R = \left(\frac{500}{4}\text{ cm}^3\right)^{\frac{1}{3}} = 5\text{ cm}$	auf beiden Seiten mit $\frac{1}{3}$ potenzieren	1

Berechnung des Radius r des Schnittkreises (Kleinkreis):

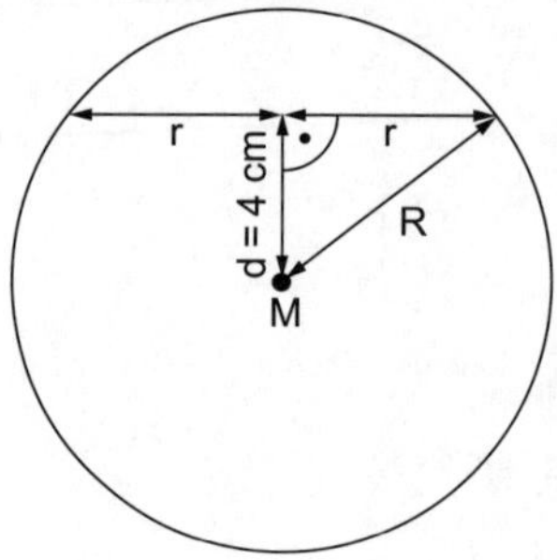

1

$R^2 = d^2 + r^2$	Satz des Pythagoras	0,5
$r^2 = R^2 - d^2$	auf beiden Seiten d^2 subtrahieren	0,5
$\Rightarrow\ r = \sqrt{R^2 - d^2}$	auf beiden Seiten radizieren	0,5
$\Rightarrow\ r = \sqrt{(5\text{ cm})^2 - (4\text{ cm})^2} = 3\text{ cm}$	Zahlen einsetzen	0,5

Berechnung des Flächeninhalts des Schnittkreises:

$A = r^2 \cdot \pi$	Formel für Kreisfläche (siehe Merkhilfe)	1
$= (3\text{ cm})^2 \cdot \pi = 28\text{ cm}^2$	Zahlen einsetzen; Taschenrechner anwenden	1

Klassenarbeit 2

BE

1 1812 veröffentlichten die Brüder Grimm das Märchen „Der Froschkönig oder der eiserne Heinrich". Ziemlich am Anfang schreiben sie:
„... Wenn nun der Tag recht heiß war, so ging das Königskind hinaus in den Wald und setzte sich an den Rand des kühlen Brunnens, und wenn sie Langeweile hatte, so nahm sie eine goldene Kugel, warf sie in die Höhe und fing sie wieder; und das war ihr liebstes Spielwerk. ..."
In dieser Aufgabe soll geklärt werden, ob die Gebrüder Grimm eine Vollkugel aus purem Gold oder eine vergoldete Hohlkugel meinen.

a) Welche Masse in kg und welchen Wert in US-Dollar hat eine Vollkugel aus purem Gold vom Durchmesser 15,4 cm (das ist die Basislänge eines „kleinen" Geodreiecks)? 3

b) Welche Masse hat eine Eisen- bzw. eine Goldhohlkugel mit 15,4 cm Außen- und 14,4 cm Innendurchmesser? 3

c) Wie hoch ist der Materialwert einer Vergoldung der Eisenhohlkugel, wenn man dafür Blattgold der Dicke 0,1 μm verwendet? 3

d) Worum hat es sich nach den bisherigen Ergebnissen bei dem *liebsten Spielwerk* höchstwahrscheinlich gehandelt? 1

Hinweise: 1 cm^3 Gold bzw. Eisen haben eine Masse von 19,3 g bzw. 7,9 g; durchschnittlicher Preis für 1 g Gold im Mai 2009 ca. 32 $.

2 Peter stellt an einem Regentag ein zylinderförmiges Becherglas von 6,0 cm Innendurchmesser und ein quaderförmiges Becken mit der Länge 25,0 cm und der Breite 20,0 cm (Grundflächeninnenmaße) ins Freie. Wie nicht anders zu erwarten war, steht das Wasser, nachdem es zu regnen aufgehört hat, in beiden Gefäßen gleich hoch. Mit einem Messzylinder stellt er fest, dass sich im Becherglas 132,9 cm^3 und im Becken 2 350,0 cm^3 Wasser gesammelt haben.
Welchen Wert für π kann er mit den Daten ermitteln? 4

3 Zeige ohne Verwendung des Taschenrechners, dass $\cos 2\,010° = \cos 5\,610°$. 2

4 Zeige, dass sich die Werte des Terms $\sin\alpha \cdot \cos\alpha$ periodisch alle 180° wiederholen. 3

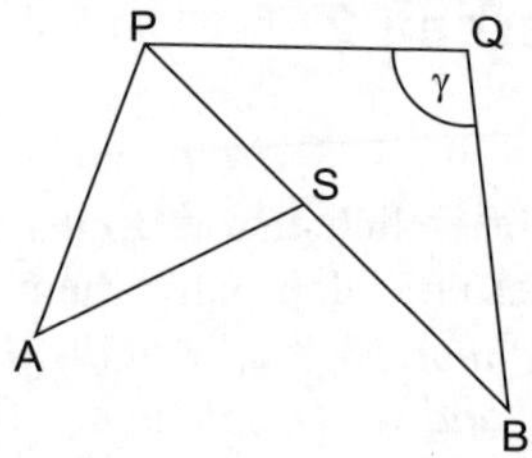

5 Bezogen auf die Skizze gilt:
$\overline{AP} = 3{,}50\ \text{km}$
$\overline{AS} = 2{,}50\ \text{km}$
$\overline{PS} = 2{,}10\ \text{km}$
$\overline{PQ} = 2{,}60\ \text{km}$
$\gamma = 121{,}0°$
PB halbiert den Winkel APQ.
a) Zeige durch Rechnung, dass $\sphericalangle APS = 44{,}9°$. 4
b) Berechne $\overline{BP}$. 4
c) Berechne $\overline{AB}$. 3

Hinweise und Tipps

1
- Die Formel für das Kugelvolumen steht in der Merkhilfe.
- Das Volumen einer Hohlkugel ergibt sich als Differenz zweier Kugelvolumina.
- Das Volumen einer Kugelschale sehr geringer Dicke erhält man in sehr guter Näherung, indem man die Oberfläche der Kugel mit der Dicke multipliziert.
- Die Formel für die Oberfläche einer Kugel steht in der Merkhilfe.

2
- Dividiere das Zylinder- durch das Quadervolumen.
- Denke beim Runden an die gültigen Ziffern.

3
- Stelle die Winkel als ganzzahlige Vielfache von 360° mit Rest dar.
- cos hat die Periode 360°.

4
- Addiere 180° zu α.
- Für die Rückführung von Winkeln aus dem 3. Quadranten auf solche des 1. Quadranten gilt: $\sin(\alpha + 180°) = -\sin\alpha$ und $\cos(\alpha + 180°) = -\cos\alpha$

5
- Wende für a den Kosinussatz im Dreieck ASP an.
- Berechne bei b den Winkel QBP.
- Wende dann den Sinussatz im Dreieck PBQ an.
- Wende bei c den Kosinussatz im Dreieck ABP an.

Lösung

1 a) 4 Minuten,

Berechnung des Kugelvolumens:

$V_{Kugel} = \frac{4}{3} \cdot r^3 \cdot \pi$	Formel für Kugelvolumen (siehe Merkhilfe)	0,5
$= \frac{4}{3} \cdot (7{,}7\ \text{cm})^3 \cdot \pi$	Radius ist halber Durchmesser: $r = \frac{15{,}4}{2} = 7{,}7$	1
$= 1\,912{,}3\ \text{cm}^3$	Taschenrechner	0,5

Berechnung der Masse:

$m = 1\,912{,}3 \cdot 19{,}3\ \text{g} = 36\,907{,}4\ \text{g} \approx 36{,}9\ \text{kg}$ 0,5

Berechnung des Werts in US-Dollar:

$\text{Preis} = 36\,907{,}4 \cdot 32\ \$ = 1\,181\,037\ \$$ 0,5

b) 4 Minuten, /

Berechnung des Hohlkugelvolumens:

$V_{Hohlkugel} = \frac{4}{3} \cdot r^3_{außen} \cdot \pi - \frac{4}{3} \cdot r^3_{innen} \cdot \pi$	Formel für Kugelvolumen (siehe Merkhilfe)	0,5
$= \frac{4}{3} \cdot \pi \cdot \left(r^3_{außen} - r^3_{innen}\right)$	$\frac{4}{3} \cdot \pi$ ausklammern	0,5
$= \frac{4}{3} \cdot \pi \cdot \left((7{,}7\ \text{cm})^3 - (7{,}2\ \text{cm})^3\right)$	Zahlenwerte einsetzen	0,5
$= 348{,}9\ \text{cm}^3$		0,5

Masse bei Ausführung in Eisen: $348{,}9 \cdot 7{,}9\ \text{g} = 2\,756{,}3\ \text{g} \approx 2{,}8\ \text{kg}$ 0,5

Masse bei Ausführung in Gold: $348{,}9 \cdot 19{,}3\ \text{g} = 6\,733{,}8\ \text{g} \approx 6{,}7\ \text{kg}$ 0,5

c) 4 Minuten,

Berechnung des Volumens der Goldauflage:

$V = S \cdot d$	Wegen der sehr geringen Dicke d der Blattgoldauflage kann ihr Volumen V in sehr guter Näherung mithilfe der Kugeloberfläche S berechnet werden.	0,5
$= 4 \cdot r^2 \cdot \pi \cdot d$	Formel für Kugeloberfläche (siehe Merkhilfe)	0,5
$= 4 \cdot (7{,}7\ \text{cm})^2 \cdot \pi \cdot 0{,}1\ \mu\text{m}$	Zahlenwerte einsetzen	
$= 4 \cdot (7{,}7 \cdot 10^{-2}\ \text{m})^2 \cdot \pi \cdot 0{,}1 \cdot 10^{-6}\ \text{m}$	$1\ \text{cm} = 10^{-2}\ \text{m};\ 1\ \mu\text{m} = 10^{-6}\ \text{m}$	0,5

$= 7{,}45 \cdot 10^{-9}\,\text{m}^3$	Taschenrechner	0,5
$= 7{,}45 \cdot 10^{-3}\,\text{cm}^3$		0,5
Materialwert der Goldauflage: $7{,}45 \cdot 10^{-3} \cdot 19{,}3 \cdot 32\,\$ = 4{,}6\,\$$		0,5

d) 3 Minuten,

Ein Kind kann 36,9 kg nicht in die Höhe werfen und wieder auffangen. Ebenso wenig überlässt man einem Kind Spielzeug im Materialwert von fast 1,2 Mio. $.
Bei dem Spielwerk kann es sich nur um eine vergoldete Hohlkugel gehandelt haben – und selbst diese wäre in der Ausführung von Teilaufgabe b mit 2,8 kg noch sehr schwer zum Hochwerfen. 1

2 5 Minuten,

Wird die gemeinsame Füllhöhe mit h bezeichnet, so gilt für das Wasservolumen im

(1) Quader: $20{,}0\,\text{cm} \cdot 25{,}0\,\text{cm} \cdot h = 2\,350{,}0\,\text{cm}^3$	Formel für Quadervolumen (siehe Merkhilfe) und vorgegebene Daten im Aufgabentext	1
(2) Zylinder: $(3{,}0\,\text{cm})^2 \cdot \pi \cdot h = 132{,}9\,\text{cm}^3$	Formel für Zylindervolumen (siehe Merkhilfe) und vorgegebene Daten im Aufgabentext	1
$\Rightarrow \dfrac{(3{,}0\,\text{cm})^2 \cdot \pi \cdot h}{20{,}0\,\text{cm} \cdot 25{,}0\,\text{cm} \cdot h} = \dfrac{132{,}9\,\text{cm}^3}{2\,350{,}0\,\text{cm}^3}$	(2) : (1)	0,5
$\dfrac{9{,}0 \cdot \pi}{500{,}0} = \dfrac{132{,}9}{2\,350{,}0}$	h kürzen, zusammenfassen; Benennungen kürzen	0,5
$\pi = \dfrac{132{,}9 \cdot 500{,}0}{9{,}0 \cdot 2\,350{,}0}$	auf beiden Seiten mit 500,0 multiplizieren und durch 9,0 dividieren	0,5
$\pi = 3{,}1$	Taschenrechner	0,5

Alternativ kann man Gleichung (1) auch nach h auflösen und dies dann in Gleichung (2) einsetzen.

3 5 Minuten,

Zunächst überprüfst du, wie oft 360 in 2 010 und 5 610 passt, und findest:

$2010° = 5 \cdot 360° + 210°$ 0,5

$5610° = 15 \cdot 360° + 210°$ 0,5

Da die Periode der Kosinusfunktion 360° beträgt, gilt:

$\cos 2010° = \cos 210°$ und $\cos 5610° = \cos 210°$ 1

Die beiden Kosinuswerte sind also gleich.

4 5 Minuten,

Für den Winkel α gilt:		
$\sin(\alpha+180°)\cdot\cos(\alpha+180°)$		1
$=(-\sin\alpha)\cdot(-\cos\alpha)$	$\sin(\alpha+180°)=-\sin\alpha$ $\cos(\alpha+180°)=-\cos\alpha$	1
$=\sin\alpha\cdot\cos\alpha$		1

5 a) 5 Minuten,

$\overline{AS}^2=\overline{AP}^2+\overline{PS}^2-2\cdot\overline{AP}\cdot\overline{PS}\cdot\cos\sphericalangle APS$	Kosinussatz im Dreieck ASP (siehe Merkhilfe)	1
$-2\cdot\overline{AP}\cdot\overline{PS}\cdot\cos\sphericalangle APS=\overline{AS}^2-\overline{AP}^2-\overline{PS}^2$	auf beiden Seiten $\overline{AP}^2+\overline{PS}^2$ subtrahieren	0,5
$\cos\sphericalangle APS=\dfrac{\overline{AS}^2-\overline{AP}^2-\overline{PS}^2}{-2\cdot\overline{AP}\cdot\overline{PS}}$	auf beiden Seiten durch $-2\cdot\overline{AP}\cdot\overline{PS}$ dividieren	0,5
$\cos\sphericalangle APS=\dfrac{2{,}50^2-3{,}50^2-2{,}10^2}{-2\cdot3{,}50\cdot2{,}10}$	Zahlenwerte einsetzen	0,5
$\cos\sphericalangle APS=0{,}708$	Taschenrechner	0,5
$\sphericalangle APS=44{,}9°$		1

b) 5 Minuten,

Berechnung des Winkels QBP:

$\sphericalangle QBP=180°-\sphericalangle BPQ-\gamma$	Winkelsumme im Dreieck PBQ	0,5
$\sphericalangle QBP=180°-44{,}9°-121{,}0°=14{,}1°$	Zahlen einsetzen; $\sphericalangle BPQ=\sphericalangle APS$, da PB Winkelhalbierende ist.	0,5

Berechnung von $\overline{BP}$:

$\dfrac{\sin\gamma}{\sin\sphericalangle QBP}=\dfrac{\overline{BP}}{\overline{PQ}}$	Sinussatz im Dreieck PBQ (siehe Merkhilfe)	1
$\overline{BP}=\dfrac{\sin\gamma}{\sin\sphericalangle QBP}\cdot\overline{PQ}$	auf beiden Seiten mit $\overline{PQ}$ multiplizieren	1
$\overline{BP}=\dfrac{\sin121{,}0°}{\sin14{,}1°}\cdot2{,}60\text{ km}$	Zahlenwerte einsetzen	1
$=9{,}15\text{ km}$		

c) 5 Minuten,

Berechnung von $\overline{AB}$:

$\overline{AB}^2 = \overline{AP}^2 + \overline{BP}^2 - 2 \cdot \overline{AP} \cdot \overline{BP} \cdot \cos \sphericalangle APB$	Kosinussatz im Dreieck ABP (siehe Merkhilfe)	1
$\overline{AB} = \sqrt{\overline{AP}^2 + \overline{BP}^2 - 2 \cdot \overline{AP} \cdot \overline{BP} \cdot \cos \sphericalangle APB}$	auf beiden Seiten radizieren	1
$\overline{AB} = \sqrt{3{,}50^2 + 9{,}15^2 - 2 \cdot 3{,}50 \cdot 9{,}15 \cdot \cos 44{,}9^\circ}$ km $= 7{,}11$ km	Zahlenwerte einsetzen; $\sphericalangle APB = \sphericalangle APS$ Taschenrechner	1

Klassenarbeit 3

BE

1 Ordne $\sin 330°$, $\cos\frac{16\pi}{3}$, $\cos\frac{5\pi}{6}$, $\sin\frac{7\pi}{6}$ ohne Zuhilfenahme des Taschenrechners der Größe nach. Begründe deine Überlegungen, indem du alle Zwischenschritte ausführlich angibst. 9

2 Ein Künstler will die grauen Flächen des nebenstehenden „Katzenauges" als Teil eines großen Häuserwandbilds mit der teuren Farbe Jadegrün 200 FX ausfüllen. Er berechnet die Zahl der benötigten Sprühdosen, von denen eine für 0,8 m^2 reicht.

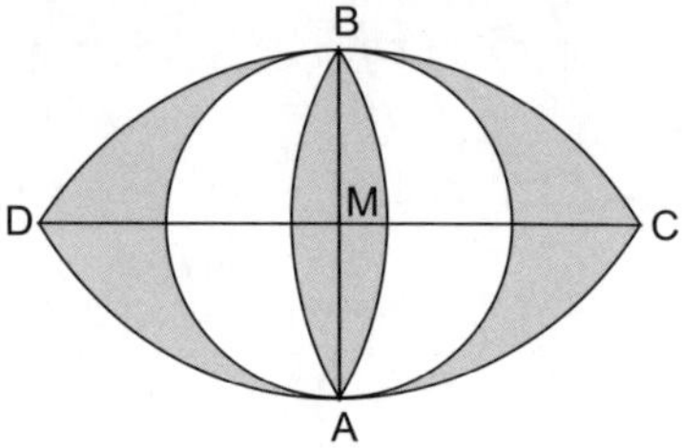

Bei seinem Bild sind die Punkte A, B, C, D, M Mittelpunkte von Kreisbögen, M ist auch Mittelpunkt der senkrecht aufeinanderstehenden Strecken [AB] und [CD], die Entfernung zwischen den Punkten A und B beträgt 4,20 m.

Berechne

a) die Länge der Strecke [DM]. 2

b) den Inhalt des Dreiecks DAC. 2

c) den Inhalt des Kreissegments DBC über der Sehne [DC]. 2

d) den Inhalt eines der grauen Kreissegmente über [AB]. 2

e) die Inhalte der grau markierten Flächenteile und die Anzahl der benötigten Sprühdosen. 2

f) Der Künstler glaubt, dass eine Umrandung der grau markierten Flächen mit einer feinen schwarzen Linie den Effekt seines Gemäldes steigert. Berechne die Gesamtlänge der Umrandung. 2

3 a) Zeichne unter Verwendung der Näherung $\pi = 3$ den Graphen der Funktion

$$f\colon [-\pi; +2\pi] \to \mathbb{R}$$
$$x \mapsto -3\cos(2x+\pi) - 1$$

Begründe dein Vorgehen. 5

b) Die Skizze zeigt den Graphen einer Funktion des Typs
$f(x) = a\cos(bx + c) + d$ mit a, b, c, d $\in \mathbb{R}$.
Gib mit der entsprechenden Begründung für jeden Koeffizienten einen passenden Zahlenwert an. 4

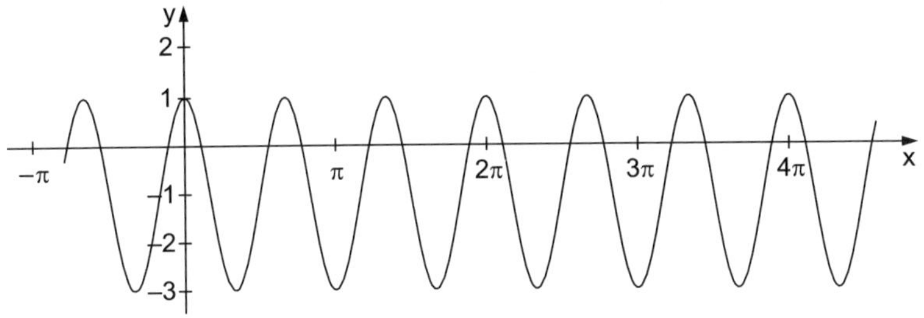

Hinweise und Tipps

1
- Führe die Ausdrücke auf Winkel des 1. Quadranten zurück.
- Deren Funktionswerte kannst du dann explizit angeben und der Größe nach vergleichen.

2
- Wende bei a den Satz des Pythagoras im Dreieck DMB an.
- Die Dreiecke ABD und ACB sind gleichseitig.
- Die Dreiecksfläche bei b setzt sich aus zwei gleich großen rechtwinkligen Dreiecken zusammen.
- Berechne die Inhalte der Kreissegmente in c und d als Differenz der Inhalte eines Kreissektors und eines Dreiecks.
- In einem gleichseitigen Dreieck betragen alle Innenwinkel 60°.
- Der Winkel CAD beträgt 120°, der Winkel ADB 60°.
- Greife für e auf die Ergebnisse der Teilaufgaben c und d zurück.
- Die Länge der Umrandung erhältst du als Summe der Bogenlängen von je zwei Drittel- und Sechstelkreisen und dem Umfang eines Vollkreises.

3
- Zum Zeichnen des Graphen musst du die Kosinuskurve spiegeln, parallel zur x- bzw. y-Achse stauchen bzw. dehnen und parallel zu den Koordinatenachsen verschieben.
- Entnimm dem Graphen bei Aufgabe b die Amplitude a und die Periodenlänge.
- Die Periodenlänge beträgt allgemein $\frac{2\pi}{b}$.
- Verschiebungen parallel zur x-Achse finden nicht statt, wohl aber parallel zur y-Achse.

Lösung

1 10 Minuten, /

$\sin 330° = \sin(360° - 30°)$		0,5
$= -\sin 30°$	$\sin(360° - \alpha) = -\sin\alpha$	0,5
$= -\frac{1}{2}$	Merkwert: $\sin 30° = \frac{1}{2}$	1
$\cos\frac{16\pi}{3} = \cos\left(\frac{4}{3}\pi + \frac{12}{3}\pi\right)$	$16 = 4 + 12$	0,5
$= \cos\left(\frac{4}{3}\pi\right)$	$\frac{12}{3}\pi = 4\pi = 2 \cdot 2\pi$ Periode des Kosinus ist 2π	0,5
$= \cos\left(\frac{\pi}{3} + \pi\right)$	$\frac{4}{3} = \frac{1}{3} + 1$	
$= -\cos\frac{\pi}{3}$	$\cos(x + \pi) = -\cos x$	0,5
$= -\frac{1}{2}$	Merkwert: $\cos\frac{\pi}{3} = \cos 60° = \frac{1}{2}$	0,5
$\cos\frac{5\pi}{6} = \cos\left(\pi - \frac{\pi}{6}\right)$	$\frac{5}{6} = 1 - \frac{1}{6}$	0,5
$= -\cos\frac{\pi}{6}$	$\cos(\pi - x) = -\cos x$	0,5
$= -\frac{1}{2}\sqrt{3}$	Merkwert: $\cos\frac{\pi}{6} = \cos 30° = \frac{1}{2}\sqrt{3}$	1
$\sin\frac{7\pi}{6} = \sin\left(\frac{\pi}{6} + \pi\right)$	$\frac{7}{6} = \frac{1}{6} + 1$	0,5
$= -\sin\frac{\pi}{6}$	$\sin(x + \pi) = -\sin x$	0,5
$= -\frac{1}{2}$	Merkwert: $\sin\frac{\pi}{6} = \sin 30° = \frac{1}{2}$	1
Also gilt: $\cos\frac{5\pi}{6} < \sin 330° = \cos\frac{16\pi}{3} = \sin\frac{7\pi}{6}$		1

2 a) 3 Minuten

$\overline{DM}^2 = \overline{DB}^2 - \overline{BM}^2$	Satz des Pythagoras im Dreieck DMB	1
$= (4{,}20\text{ m})^2 - (2{,}10\text{ m})^2$	ABD ist ein gleichseitiges Dreieck; $\overline{AB} = 4{,}20$ m	0,5
$= 13{,}23\text{ m}^2$		
$\Rightarrow \overline{DM} = 3{,}64\text{ m}$	auf beiden Seiten radizieren	0,5

b) 3 Minuten

$\text{Fläche}(\Delta\, DAC) = \dfrac{\overline{DC} \cdot \overline{AM}}{2}$	Formel für Dreiecksfläche	0,5
$= \dfrac{2 \cdot \overline{DM} \cdot \overline{AM}}{2}$	$\overline{DC} = 2 \cdot \overline{DM}$	0,5
$= \overline{AM} \cdot \overline{DM}$	mit 2 kürzen	
$= 2{,}10\text{ m} \cdot 3{,}64\text{ m}$	Zahlenwerte einsetzen; Teilaufgabe a	0,5
$= 7{,}64\text{ m}^2$	Taschenrechner	0,5

c) 3 Minuten

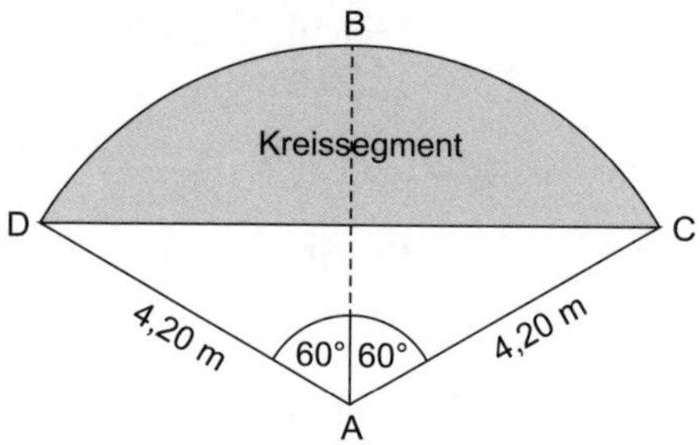

$A_{\text{Kreissegment}} = A_{\text{Kreissektor}} - A_{\Delta DAC}$		
$= \dfrac{1}{3} \cdot A_{\text{Kreis (r = 4,20 m; Mitte A)}} - A_{\Delta DAC}$	$\sphericalangle BAD = \sphericalangle CAB = 60°$, da die Dreiecke ABD und ACB gleichseitig sind; $\frac{120°}{360°} = \frac{1}{3}$	1
$= \dfrac{1}{3} \cdot (4{,}20\text{ m})^2 \cdot \pi - 7{,}64\text{ m}^2$	Teilaufgabe b	0,5
$= 10{,}83\text{ m}^2$		0,5

d) 3 Minuten,

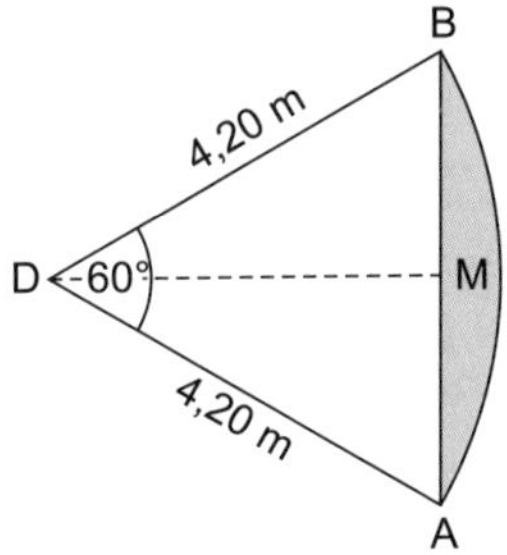

$A_{Kreissegment} = A_{Kreissektor} - A_{\triangle ABD}$

$= \frac{1}{6} \cdot A_{Kreis\ (r = 4{,}20\ m;\ Mitte\ D)} - \frac{1}{2} \cdot \overline{AB} \cdot \overline{DM}$ — $\sphericalangle ADB = 60°$ (Dreieck ABD ist gleichseitig); $\frac{60°}{360°} = \frac{1}{6}$ — 1

$= \frac{1}{6} \cdot (4{,}20\ m)^2 \cdot \pi - \frac{1}{2} \cdot 4{,}20\ m \cdot 3{,}64\ m$ — Teilaufgabe a — 0,5

$= 1{,}59\ m^2$ — 0,5

e) 4 Minuten,

$A = 2 \cdot A_{Kreissegment\ über\ [AB]}$

$+ 2 \cdot A_{Kreissegment\ über\ [DC]}$ — 0,5

$- A_{Kreis\ (r = 2{,}10\ m;\ Mitte\ M)}$

$= 2 \cdot 1{,}59\ m^2 + 2 \cdot 10{,}83\ m^2 - (2{,}10\ m)^2 \cdot \pi$ — Teilaufgaben c und d — 0,5

$= 10{,}99\ m^2$ — 0,5

Wegen $10{,}99\ m^2 : 0{,}8\ m^2 = 13{,}7$ benötigt der Künstler 14 Sprühdosen. 0,5

f) 4 Minuten,

$U = 2 \cdot \frac{1}{3} \cdot U_{Kreis\ (r = 4{,}20\ m;\ Mitte\ A)} + 2 \cdot \frac{1}{6} \cdot U_{Kreis\ (r = 4{,}20\ m;\ Mitte\ D)}$ — 1

$+ U_{Kreis\ (r = 2{,}10\ m;\ Mitte\ M)}$

$= 2 \cdot \frac{1}{3} \cdot 2 \cdot 4{,}20\ m \cdot \pi + 2 \cdot \frac{1}{6} \cdot 2 \cdot 4{,}20\ m \cdot \pi + 2 \cdot 2{,}10\ m \cdot \pi$ — 0,5

$= 39{,}58\ m$ — 0,5

3 a) 8 Minuten,

Ausgangspunkt ist die Kosinuskurve.

1. Schritt: Die Kosinuskurve wird an der x-Achse gespiegelt: $\cos x$ wird zu $-\cos x$. 0,5

2. Schritt: Der Graph aus Schritt 1 wird parallel zur y-Achse um den Faktor 3 gedehnt: $-\cos x$ wird zu $-3\cos x$. 0,5

3. Schritt: Der Graph aus dem 2. Schritt wird parallel zur x-Achse um den Faktor 2 gestaucht: $-3\cos x$ wird zu $-3\cos(2x)$. 0,5

4. Schritt: Der Graph aus dem 3. Schritt wird um $\frac{\pi}{2}$ Längeneinheiten parallel zur x-Achse nach links (weil positives Vorzeichen) verschoben: $-3\cos(2x)$ wird zu $-3\cos\left(2\left(x+\frac{\pi}{2}\right)\right)$. 1

5. Schritt: Der Graph aus dem 4. Schritt wird parallel zur y-Achse um 1 Längeneinheit nach unten verschoben: 0,5
$-3\cos\left(2\left(x+\frac{\pi}{2}\right)\right)$ wird zu $-3\cos\left(2\left(x+\frac{\pi}{2}\right)\right)-1$.

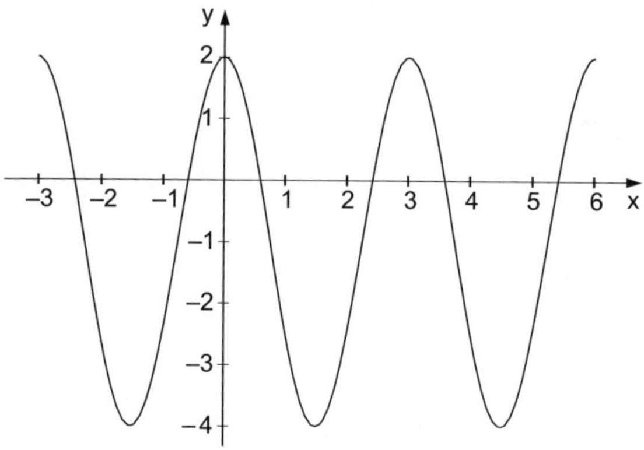

2

b) 7 Minuten, /

$a=2$ 1

Begründung: Weil der größte Funktionswert 1 und der kleinste −3 ist, gilt für die Amplitude a: $a=[1-(-3)]:2=2$

$b=3$ 1

Begründung: Da drei volle Schwingungen auf der x-Achse den „Platz" 2π beanspruchen, benötigt eine Schwingung den „Platz" $\frac{2\pi}{3}$. Da die Periodenlänge allgemein $\frac{2\pi}{b}$ beträgt, folgt $b=3$.

$c = 0$ 1

Begründung: Die Kosinuskurve wird nicht parallel zur x-Achse verschoben.

$d = -1$ 1

Begründung: Die Kosinuskurve wird parallel zur y-Achse um 1 Längeneinheit nach unten verschoben.

Klassenarbeit 4

BE

1 M ist gemeinsamer Mittelpunkt der beiden Kreise mit den Radien $r_1 = 9{,}0$ cm und $r_2 = 18{,}0$ cm. Berechne den Inhalt der grau getönten Fläche.

Hinweis: Beginne mit der Berechnung von α und $\overline{BC}$. 8

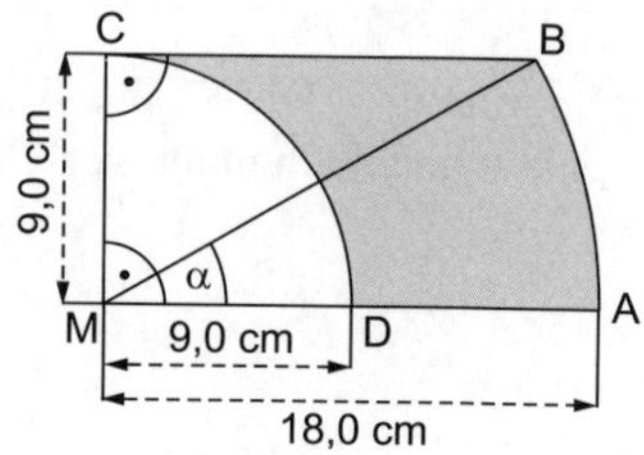

2 Die beiden Kreise besitzen den gleichen Radius $r = 15$ cm und schneiden sich so, dass die beiden grau getönten Flächenstücke F_1 und F_2 den gleichen Inhalt besitzen. Berechne den Abstand $\overline{M_1M_2}$ der Kreismittelpunkte. Runde das Ergebnis auf ganze cm. 4

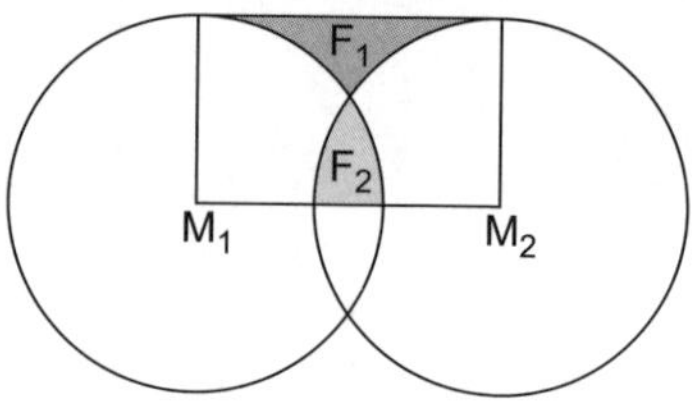

3 Im Dreieck ABC ist M der Mittelpunkt der Seite [BC], MD ist Winkelhalbierende des Winkels AMB.
Ferner gilt:
$\overline{AB} = 10{,}0$ cm
$\overline{BC} = 8{,}0$ cm
$\overline{AC} = 7{,}0$ cm

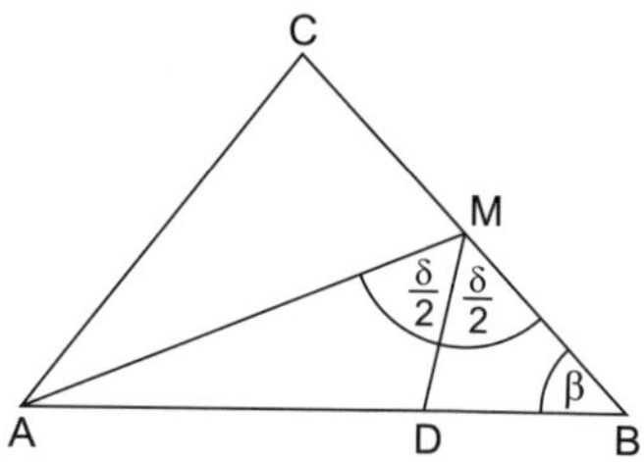

Berechne auf mm bzw. 0,1° genau
a) den Innenwinkel β des Dreiecks ABC. 3
b) $\overline{AM}$. 2
c) den Winkel BDM. 4
d) $\overline{MD}$. 3

4 Zeichne den Graphen der trigonometrischen Funktion

$f\colon x \mapsto \sin\left(x + \frac{\pi}{4}\right)$ für $x \in [-\pi; +\pi]$ (Längeneinheit 1 cm auf beiden Achsen).

Bestimme dann die Lösungsmenge der Ungleichung $\sin\left(x + \frac{\pi}{4}\right) \geq \frac{1}{2}$ über der Grundmenge $G = [-\pi; +\pi]$. 6

Hinweise und Tipps

1
- α lässt sich mithilfe des Sinus berechnen.
- $\overline{BC}$ lässt sich mithilfe des Satzes von Pythagoras berechnen.
- Die gesuchte Fläche besteht aus einem Kreissektor und einem rechtwinkligen Dreieck abzüglich eines Viertelkreises.

2 Die eingezeichnete Rechtecksfläche stimmt aufgrund der Bedingung mit der Fläche der beiden Viertelkreise überein.

3
- Verwende bei a den Kosinussatz im Dreieck ABC.
- Verwende bei b den Kosinussatz im Dreieck ABM.
- Berechne bei c zuerst den Winkel δ.
- Verwende dazu den Kosinussatz im Dreieck ABM.
- Den gesuchten Winkel erhältst du dann über die Winkelsumme im Dreieck DBM.
- Verwende bei d den Sinussatz im Dreieck DBM.

4
- Der Graph entsteht aus der Sinuskurve durch nur eine Verschiebung.
- In welchem Intervall verläuft der verschobene Graph über der Geraden?
- Merkwerte: $\sin\left(\frac{\pi}{6} \pm 2k\pi\right) = 0,5$; $\sin\left(\frac{5\pi}{6} \pm 2k\pi\right) = 0,5$

Lösung

1 9 Minuten,

Berechnung von α:

$\sin\alpha = \sin\sphericalangle CBM$	α und ∢ CBM sind Z-Winkel.	0,5
$= \frac{\overline{MC}}{\overline{MB}}$	Sinus im rechtwinkligen Dreieck MBC	
$= \frac{9{,}0\text{ cm}}{18{,}0\text{ cm}} = 0{,}5$	Zahlenwerte einsetzen	
$\Rightarrow\ \alpha = 30°$	Taschenrechner oder Merkwert	0,5

Berechnung von $\overline{BC}$:

$\overline{BC}^2 = \overline{MB}^2 - \overline{MC}^2$	Satz des Pythagoras im Dreieck MBC	0,5
$\Rightarrow\ \overline{BC} = \sqrt{\overline{MB}^2 - \overline{MC}^2}$	auf beiden Seiten radizieren	0,5
$= \sqrt{(18{,}0\text{ cm})^2 - (9{,}0\text{ cm})^2}$	Zahlenwerte einsetzen	0,5
$= 15{,}6\text{ cm}$	Taschenrechner	0,5

Berechnung der gesuchten Fläche:

$A_{ges} = A_{\text{Kreissektor AMB}} + A_{\triangle MBC} - A_{\text{Viertelkreis (r = 9 cm, Mitte M)}}$		2
$A_{ges} = \frac{1}{12}\cdot\overline{MA}^2\cdot\pi + \frac{\overline{BC}\cdot\overline{CM}}{2} - \frac{1}{4}\cdot\overline{MD}^2\cdot\pi$	$\alpha = 30°;\ \frac{30°}{360°} = \frac{1}{12}$	2
$= \frac{1}{12}\cdot(18{,}0\text{ cm})^2\cdot\pi + \frac{15{,}6\text{ cm}\cdot 9{,}0\text{ cm}}{2} - \frac{1}{4}\cdot(9{,}0\text{ cm})^2\cdot\pi$	Zahlenwerte einsetzen	0,5
$= 91{,}4\text{ cm}^2$	Taschenrechner	0,5

2 6 Minuten,

Wegen $F_1 = F_2$ ist der Flächeninhalt des Rechtecks mit den Seiten $\overline{M_1M_2}$ und r genauso groß wie die Summe der Flächeninhalte der beiden Viertelkreise um M_1 und M_2 mit Radius r = 15 cm:		2
$\overline{M_1M_2}\cdot r = 2\cdot\frac{1}{4}\cdot r^2\cdot\pi$		1
$\Rightarrow\ \overline{M_1M_2} = \frac{r\cdot\pi}{2}$	auf beiden Seiten durch r dividieren; $2\cdot\frac{1}{4} = \frac{1}{2}$	0,5
$= \frac{15\text{ cm}\cdot\pi}{2} = 24\text{ cm}$	Zahlenwerte einsetzen, Taschenrechner	0,5

3 a) 5 Minuten,

$\overline{AC}^2 = \overline{AB}^2 + \overline{BC}^2 - 2 \cdot \overline{AB} \cdot \overline{BC} \cdot \cos\beta$	Kosinussatz im Dreieck ABC	1
$\overline{AC}^2 - \overline{AB}^2 - \overline{BC}^2 = -2 \cdot \overline{AB} \cdot \overline{BC} \cdot \cos\beta$	auf beiden Seiten $\overline{AB}^2 + \overline{BC}^2$ subtrahieren	0,5
$\cos\beta = \dfrac{\overline{AC}^2 - \overline{AB}^2 - \overline{BC}^2}{-2 \cdot \overline{AB} \cdot \overline{BC}}$	auf beiden Seiten durch $-2 \cdot \overline{AB} \cdot \overline{BC}$ dividieren	0,5
$\cos\beta = \dfrac{7{,}0^2 - 10{,}0^2 - 8{,}0^2}{-2 \cdot 10{,}0 \cdot 8{,}0}$	Zahlenwerte einsetzen	
$\cos\beta = 0{,}719$	Taschenrechner	0,5
$\beta = 44{,}0°$	Taschenrechner	0,5

b) 4 Minuten,

$\overline{AM}^2 = \overline{AB}^2 + \overline{BM}^2 - 2 \cdot \overline{AB} \cdot \overline{BM} \cdot \cos\beta$	Kosinussatz im Dreieck ABM	0,5
$\overline{AM}^2 = (10{,}0^2 + 4{,}0^2 - 2 \cdot 10{,}0 \cdot 4{,}0 \cdot \cos 44{,}0°)\ \text{cm}^2$	Zahlenwerte einsetzen; $\overline{BM} = \frac{1}{2} \cdot \overline{BC}$	0,5
$\overline{AM}^2 = 58{,}5\ \text{cm}^2$	Taschenrechner	0,5
$\Rightarrow \quad \overline{AM} = 7{,}6\ \text{cm}$	auf beiden Seiten radizieren	0,5

c) 6 Minuten,

$\overline{AB}^2 = \overline{AM}^2 + \overline{BM}^2 - 2 \cdot \overline{AM} \cdot \overline{BM} \cdot \cos\delta$	Kosinussatz im Dreieck ABM	0,5
$\overline{AB}^2 - \overline{AM}^2 - \overline{BM}^2 = -2 \cdot \overline{AM} \cdot \overline{BM} \cdot \cos\delta$	auf beiden Seiten $\overline{AM}^2 + \overline{BM}^2$ subtrahieren	0,5
$\cos\delta = \dfrac{\overline{AB}^2 - \overline{AM}^2 - \overline{BM}^2}{-2 \cdot \overline{AM} \cdot \overline{BM}}$	auf beiden Seiten durch $-2 \cdot \overline{AM} \cdot \overline{BM}$ dividieren	0,5
$\cos\delta = \dfrac{10{,}0^2 - 7{,}6^2 - 4{,}0^2}{-2 \cdot 7{,}6 \cdot 4{,}0}$	Zahlenwerte einsetzen	0,5
$\cos\delta = -0{,}432$	Taschenrechner	0,5
$\delta = 115{,}6°$		0,5
$\sphericalangle BDM = 180° - \dfrac{\delta}{2} - \beta$	Winkelsumme im Dreieck DBM	0,5
$\sphericalangle BDM = 180° - \dfrac{115{,}6°}{2} - 44{,}0° = 78{,}2°$	Zahlenwerte einsetzen, Taschenrechner	0,5

d) 5 Minuten,

$\dfrac{\overline{MD}}{\overline{BM}} = \dfrac{\sin\beta}{\sin\sphericalangle BDM}$	Sinussatz im Dreieck DBM	1
$\overline{MD} = \dfrac{\sin\beta}{\sin\sphericalangle BDM} \cdot \overline{BM}$	auf beiden Seiten mit $\overline{BM}$ multiplizieren	1
$\overline{MD} = \dfrac{\sin 44{,}0°}{\sin 78{,}2°} \cdot 4{,}0\text{ cm} = 2{,}8\text{ cm}$	Zahlenwerte einsetzen, Taschenrechner	1

4 10 Minuten, /

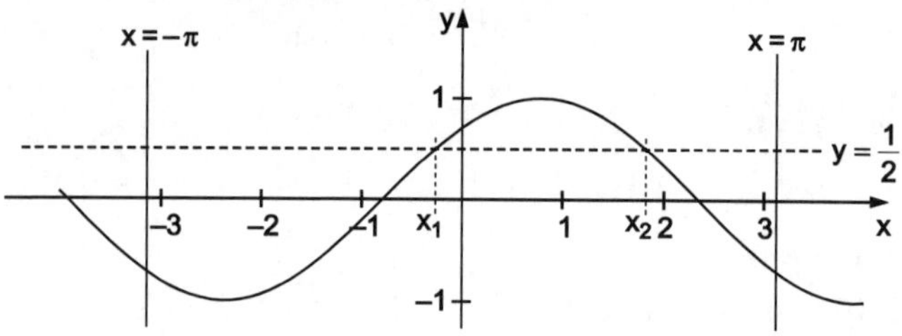

1,5

Der Graph der Funktion $x \mapsto \sin\left(x + \frac{\pi}{4}\right)$ entsteht aus der Sinuskurve durch Verschiebung parallel zur x-Achse um $\frac{\pi}{4}$ Längeneinheiten nach links. 0,5

Die Gerade $y = \frac{1}{2}$ schneidet die verschobene Sinuskurve über der Grundmenge in genau 2 Punkten, deren x-Koordinaten in der Skizze mit x_1 und x_2 bezeichnet sind. Da die Kurve über der Grundmenge nur im Intervall $[x_1; x_2]$ über der Geraden $y = \frac{1}{2}$ verläuft, ist dieses Intervall die gesuchte Lösungsmenge. 1

Berechnung von x_1 und x_2:

$\sin\left(x + \dfrac{\pi}{4}\right) = \dfrac{1}{2}$	Schnittbedingung	0,5
$\Rightarrow\quad x + \dfrac{\pi}{4} = \dfrac{\pi}{6}$ oder $x + \dfrac{\pi}{4} = \dfrac{5\pi}{6}$	sin nimmt nur für $\frac{\pi}{6} \pm 2k\pi$ und $\frac{5\pi}{6} \pm 2k\pi$ den Wert 0,5 an.	1
$x_1 = \dfrac{\pi}{6} - \dfrac{\pi}{4} = -\dfrac{\pi}{12}$	auf beiden Seiten $\frac{\pi}{4}$ subtrahieren; Taschenrechner	1
oder $x_2 = \dfrac{5\pi}{6} - \dfrac{\pi}{4} = \dfrac{7\pi}{12}$		
Lösungsmenge: $\mathbb{L} = \left[-\dfrac{\pi}{12}; \dfrac{7\pi}{12}\right]$		0,5

Klassenarbeit 5

BE

1 a) Erläutere die Begriffe Groß- und Kleinkreis. 1

b) Welche Wegstrecke muss man von Paris nach Lagos mindestens zurücklegen, wenn man vereinfachend annimmt, dass beide Städte auf dem gleichen Längenkreis liegen und sich ihre geografischen Breiten um 43° unterscheiden? Erläutere deinen Ansatz. 3

Hinweis: Mittelwert des Erdradius: R = 6 371,0 km

2 Im Parallelogramm ABCD ist $\overline{AB} = 5{,}0$ cm, $\overline{BC} = 3{,}0$ cm und $\sphericalangle CBA = 125°$. Berechne die Längen der beiden Diagonalen. 5

3 In den Skizzen sind zwei kongruente Quadrate der Seitenlänge 4 cm dargestellt. E, F, G, H sind die Mittelpunkte der Quadratseiten. B, G, E sind die Mittelpunkte der entsprechenden Kreisbögen, M ist der Mittelpunkt des Kreises.

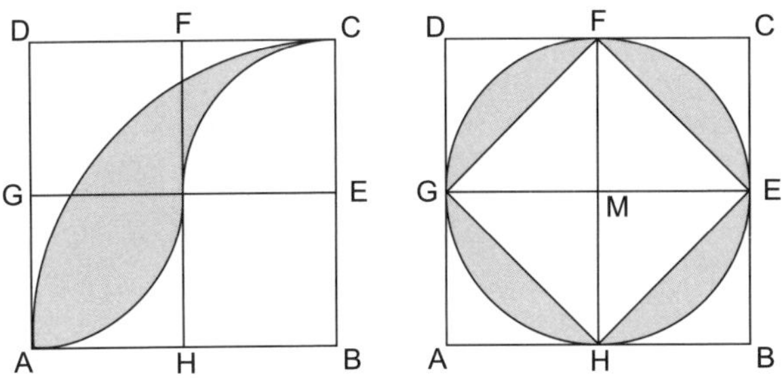

a) Zeige, dass die beiden grau getönten Figuren den gleichen Flächeninhalt besitzen. 8

b) Um wie viel cm ist der Umfang der zweiten Figur länger als der der ersten? 3

4 Gegeben ist die auf $\mathbb{R}$ definierte Funktion
$f\colon x \mapsto a\sin(2x + c)$;
a steht für eine beliebige, von 0 verschiedene reelle Zahl, c für eine reelle Zahl aus dem Intervall $[0; \pi]$. Auf dem zugehörigen Graphen G_f liegen die Punkte $N(0{,}75\pi \mid 0)$ und $P\left(\frac{\pi}{6} \,\middle|\, 1\right)$.

a) Bestimme die Parameter a und c. (Ergebnis: $a = 2$; $c = \frac{\pi}{2}$) 3

b) Bestimme die Periode, die Wertemenge und die Nullstellen der Funktion f im Intervall $[-\pi; 2\pi]$. 4

c) Zeichne den Graphen der Funktion f im Bereich $[-\pi; 2\pi]$. 2

d) Stelle den Funktionsterm von f mithilfe des Kosinus dar. 1

Hinweise und Tipps

1
- Die Lage des Kugelmittelpunkts ist entscheidend.
- Denke bei b an die Bogenlänge eines Kreissektors.

2 Die Längen beider Diagonalen kannst du mithilfe des Kosinussatzes berechnen.

3
- Der Flächeninhalt der ersten Figur stimmt mit dem Flächeninhalt eines Viertelkreissegments überein.
- Berechne den Inhalt des Kreissegments als Differenz eines Kreissektors und eines Dreiecks.
- Der Umfang der ersten Figur lässt sich mithilfe der Bogenlängen von Viertelkreisen berechnen.
- Denke bei der zweiten Figur an Kreis- und Quadratumfänge.

4
- Setze die Punktkoordinaten in die Funktionsgleichung ein und stelle daraus zwei Gleichungen auf.
- Bestimme zuerst c.
- $k\pi$ mit $k = 0, \pm 1, \pm 2, \ldots$ sind die Nullstellen der Sinusfunktion.
- Die Periodenlänge der Funktion $f(x) = a\sin(bx + c)$ ermittelst du mithilfe des Parameters b; die Wertemenge mithilfe des Parameters a.
- Trage für die Zeichnung zunächst die in Teilaufgabe b berechneten Nullstellen ein und denke daran, dass die Amplitude 2 ist.
- Den entscheidenden Lösungshinweis für Aufgabe d gibt dir der Graph aus Teilaufgabe c.

Lösung

1 a) 2 Minuten,

Ebenen schneiden Kugeln in Kreisen. Kreise auf der Kugeloberfläche heißen Groß- bzw. Kleinkreise, wenn der Kugelmittelpunkt auf der Kreisebene liegt bzw. nicht liegt. 1

b) 5 Minuten, /

Die kürzeste Entfernung zweier Punkte auf einer Kugeloberfläche ist der Weg auf dem durch diese Punkte verlaufenden Großkreis. 0,5
Da Längenkreise auf der Erdkugel Großkreise sind, ist der kürzeste Weg s von Paris nach Lagos die Bogenlänge eines Kreissektors mit Mittelpunktswinkel 43° und Radius R = 6 371,0 km. 0,5

$s = \frac{\alpha}{360°} \cdot 2r \cdot \pi$ 1

$= \frac{43°}{360°} \cdot 2 \cdot 6\,371{,}0\text{ km} \cdot \pi$ 0,5

$\approx 4\,781{,}4\text{ km}$ 0,5

2 7 Minuten,

Skizze:

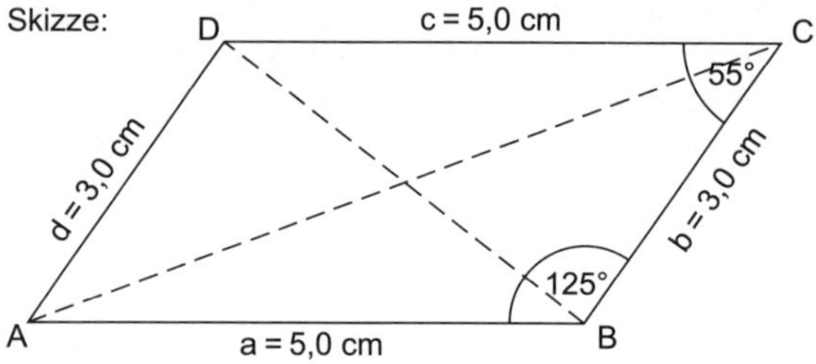

$\sphericalangle DCB = 180° - 125° = 55°$	Der Winkel DCB ist E-Winkel zu Winkel CBA.	1
$\overline{AC}^2 = a^2 + b^2 - 2 \cdot a \cdot b \cdot \cos \sphericalangle CBA$	Kosinussatz im Dreieck ABC	1
$\overline{AC}^2 = (5{,}0^2 + 3{,}0^2 - 2 \cdot 5{,}0 \cdot 3{,}0 \cdot \cos 125°)\text{ cm}^2$ $= 51{,}2\text{ cm}^2$	Zahlenwerte einsetzen	0,5
$\Rightarrow \overline{AC} = \sqrt{51{,}2}\text{ cm} = 7{,}2\text{ cm}$	auf beiden Seiten radizieren	0,5

$\overline{BD}^2 = c^2 + b^2 - 2 \cdot c \cdot b \cdot \cos \sphericalangle DCB$	Kosinussatz im Dreieck BCD	1
$\overline{BD}^2 = (5{,}0^2 + 3{,}0^2 - 2 \cdot 5{,}0 \cdot 3{,}0 \cdot \cos 55°)\ \text{cm}^2$ $= 16{,}8\ \text{cm}^2$	Zahlenwerte einsetzen	0,5
$\Rightarrow \quad \overline{BD} = \sqrt{16{,}8}\ \text{cm} = 4{,}1\ \text{cm}$	auf beiden Seiten radizieren	0,5

3 a) 10 Minuten, /

Berechnung des Flächeninhalts A_1 der ersten Figur:

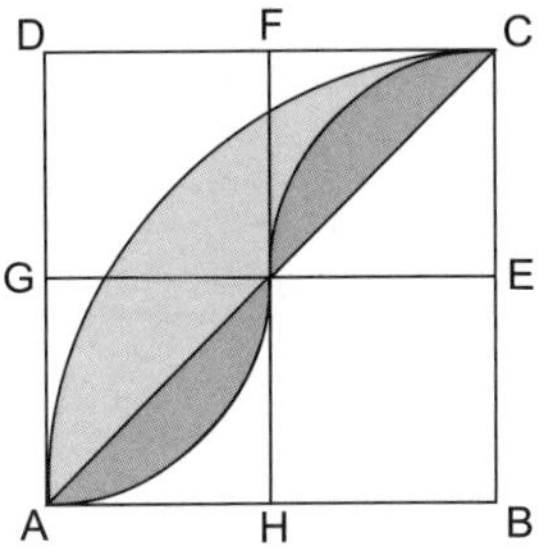

Da die beiden dunkelgrau getönten Kreissegmente den gleichen Flächeninhalt besitzen, ergibt sich der Inhalt A_1 als Differenz der Flächeninhalte eines Viertelkreises um B mit Radius $r_1 = 4$ cm und des Dreiecks ABC. 1

$A_1 = \frac{1}{4} \cdot r_1^2 \cdot \pi - \frac{1}{2} \cdot \overline{AB} \cdot \overline{BC}$	Formel für Kreis- und Dreiecksfläche	1
$= \frac{1}{4} \cdot (4\ \text{cm})^2 \cdot \pi - \frac{1}{2} \cdot (4\ \text{cm})^2$	Zahlenwerte einsetzen	0,5
$= (4\pi - 8)\ \text{cm}^2 \qquad (*)$	Zusammenfassen	0,5

Berechnung des Flächeninhalts A_2 der zweiten Figur:

Der Inhalt A_2 ist die Differenz der Flächeninhalte des Kreises um M mit Radius $r_2 = 2$ cm und des Quadrats mit der Seitenlänge $s = \overline{EH}$. 1

$s = 2\sqrt{2}\ \text{cm}$	s ist die Diagonale eines Quadrats der Seitenlänge 2 cm.	1
$A_2 = r_2^2 \cdot \pi - s^2$	Formel für Kreis- und Quadratfläche	1
$= (2\ \text{cm})^2 \cdot \pi - (2\sqrt{2}\ \text{cm})^2$	Zahlenwerte einsetzen	0,5
$= (4\pi - 8)\ \text{cm}^2 \qquad (**)$	Zusammenfassen	0,5

Vergleich von (*) und (**) ergibt $A_1 = A_2$. 1

b) 4 Minuten,

Berechnung des Umfangs U_1 der ersten Figur:

Der Umfang U_1 ist die Summe der Längen des Viertelkreisbogens um B mit Radius 4 cm und zweier Viertelkreisbögen um G und E mit Radius 2 cm: 0,5

$$U_1 = \frac{1}{4}\cdot 2\cdot(4\text{ cm})\cdot\pi + 2\cdot\frac{1}{4}\cdot 2\cdot(2\text{ cm})\cdot\pi$$ Formel für Kreisumfang 0,5

$$= 4\cdot\pi\text{ cm}$$

Berechnung des Umfangs U_2 der zweiten Figur:

Der Umfang U_2 ist die Summe der Länge des Vollkreisbogens um M mit Radius 2 cm und des Umfangs des Quadrats HEFG mit der Seitenlänge $2\sqrt{2}$ cm: 0,5

$$U_2 = 2\cdot(2\text{ cm})\cdot\pi + 4\cdot 2\sqrt{2}\text{ cm}$$ Formel für Kreis- und Quadratumfang 0,5

$$= (4\cdot\pi + 8\sqrt{2})\text{ cm}$$

Für die Differenz der Umfänge gilt:

$$U_2 - U_1 = (4\cdot\pi + 8\sqrt{2})\text{ cm} - 4\cdot\pi\text{ cm} = 8\sqrt{2}\text{ cm} = 11{,}3\text{ cm}$$ 1

4 a) 4 Minuten, /

(1) $a\cdot\sin(2\cdot 0{,}75\pi + c) = 0$	$N(0{,}75\pi \mid 0)$ liegt auf G_f.	0,5
(2) $a\cdot\sin\left(2\cdot\frac{\pi}{6} + c\right) = 1$	$P\left(\frac{\pi}{6}\,\middle|\,1\right)$ liegt auf G_f.	0,5
(1) $2\cdot 0{,}75\pi + c = k\cdot\pi;\quad k\in\mathbb{Z}$	$k\cdot\pi$, $k\in\mathbb{Z}$ sind die Nullstellen der Sinuskurve; $a\neq 0$	0,5
$1{,}5\pi + c = k\pi$	$2\cdot 0{,}75 = 1{,}5$	
$c = k\pi - 1{,}5\pi$	auf beiden Seiten $1{,}5\pi$ subtrahieren	
$c = 2\pi - 1{,}5\pi$	c liegt im Intervall $[0;\pi]$.	
$c = 0{,}5\pi$		0,5
(2) $a\cdot\sin\left(2\cdot\frac{\pi}{6} + 0{,}5\pi\right) = 1$	$c = 0{,}5\pi$ in (2) einsetzen	0,5
$a\cdot\sin\left(\frac{5}{6}\pi\right) = 1$	$2\cdot\frac{\pi}{6} + \frac{\pi}{2} = \frac{5}{6}\pi$	
$a\cdot\frac{1}{2} = 1$	Taschenrechner: $\sin\left(\frac{5}{6}\pi\right) = \frac{1}{2}$	
$a = 2$	auf beiden Seiten mit 2 multiplizieren	0,5

b) 7 Minuten,

$$f(x) = 2\sin\left(2x + \frac{\pi}{2}\right)$$

Periode: $p = \frac{2\pi}{2} = \pi$	$a\sin(bx + c)$ besitzt die Periode $p = \frac{2\pi}{b}$.	0,5
Wertemenge: $W = [-2; +2]$	$a\sin(bx + c)$ besitzt die Wertemenge $[-\lvert a\rvert; \lvert a\rvert]$.	0,5

Nullstellen der Funktion im Intervall [–π; 2π]:

$2x + \frac{\pi}{2} = k \cdot \pi, \quad k \in \mathbb{Z}$	Nullstellen der Sinusfunktion $k \cdot \pi, k \in \mathbb{Z}$	1
$2x_k = k \cdot \pi - \frac{\pi}{2}$	auf beiden Seiten $\frac{\pi}{2}$ subtrahieren	
$x_k = k \cdot \frac{\pi}{2} - \frac{\pi}{4}$	auf beiden Seiten durch 2 dividieren	

$k=-2$: $x_{-2} = -2 \cdot \frac{\pi}{2} - \frac{\pi}{4} = -\frac{5\pi}{4}$	liegt *nicht* im Intervall [–π; 2π]
$k=-1$: $x_{-1} = -1 \cdot \frac{\pi}{2} - \frac{\pi}{4} = -\frac{3\pi}{4}$	liegt im Intervall [–π; 2π]
$k=0$: $x_0 = 0 \cdot \frac{\pi}{2} - \frac{\pi}{4} = -\frac{\pi}{4}$	liegt im Intervall [–π; 2π]
$k=1$: $x_1 = 1 \cdot \frac{\pi}{2} - \frac{\pi}{4} = \frac{\pi}{4}$	liegt im Intervall [–π; 2π]
$k=2$: $x_2 = 2 \cdot \frac{\pi}{2} - \frac{\pi}{4} = \frac{3\pi}{4}$	liegt im Intervall [–π; 2π]
$k=3$: $x_3 = 3 \cdot \frac{\pi}{2} - \frac{\pi}{4} = \frac{5\pi}{4}$	liegt im Intervall [–π; 2π]
$k=4$: $x_4 = 4 \cdot \frac{\pi}{2} - \frac{\pi}{4} = \frac{7\pi}{4}$	liegt im Intervall [–π; 2π]
$k=5$: $x_5 = 5 \cdot \frac{\pi}{2} - \frac{\pi}{4} = \frac{9\pi}{4}$	liegt *nicht* im Intervall [–π; 2π]

Die gesuchten Nullstellen sind: $-\frac{3\pi}{4}; -\frac{\pi}{4}; \frac{\pi}{4}; \frac{3\pi}{4}; \frac{5\pi}{4}; \frac{7\pi}{4}$ 2

c) 4 Minuten, /

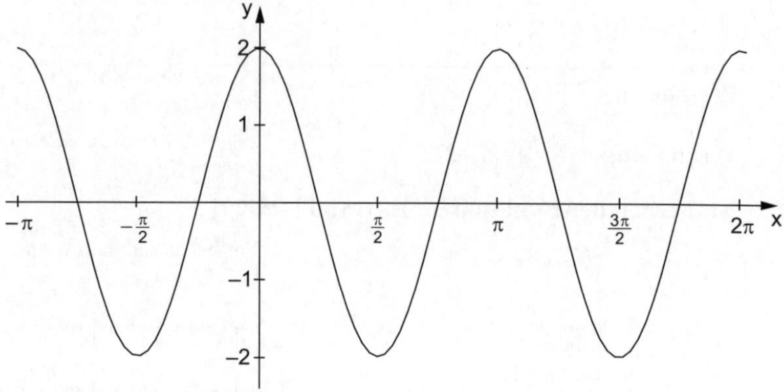

2

d) 2 Minuten,

Der Graph in Teilaufgabe c entsteht ohne Verschiebungen aus der Kosinuskurve, indem diese parallel zur y-Achse um den Faktor 2 gedehnt und parallel zur x-Achse um den gleichen Faktor gestaucht wird. Daher gilt:

$f(x) = 2\sin\left(2x + \frac{\pi}{2}\right) = 2\cos(2x)$ 1

Klassenarbeit 6

BE

1 Die beiden Grundstücke F_1 und F_2 haben den gleichen Flächeninhalt und sollen bis auf die gemeinsame Seite umzäunt werden. Welcher Eigentümer muss den längeren Zaun errichten? 5

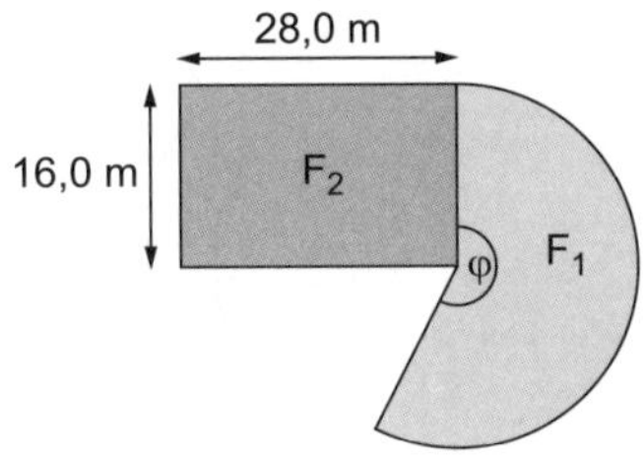

2 Welche der folgenden auf $\mathbb{R}$ definierten Funktionen besitzen identische Funktionsgraphen? Skizziere hierfür die einzelnen Graphen grob im Intervall $[0;\, 0{,}25\pi]$ so weit, dass ein Vergleich möglich wird. 10

$a(x) = 2\sin(2x + 2\pi)$

$b(x) = 2\sin\left(2x + \frac{\pi}{2}\right)$

$c(x) = -2\sin(2x + \pi)$

$d(x) = -2\cos\left(2x + \frac{\pi}{2}\right)$

$e(x) = 2\cos(2x)$

$f(x) = -2\sin\left(2x - \frac{\pi}{2}\right)$

3 Erkläre mithilfe einer Skizze am Einheitskreis, warum für im Bogenmaß gemessene Winkel α

a) näherungsweise $\sin\alpha \approx \alpha$ gesetzt werden kann, wenn α sehr klein ist. 2

b) die Gleichung $\sin\alpha = \alpha$ für $0 < \alpha < \frac{\pi}{2}$ keine Lösung besitzt. 1

4 Das Bild zeigt die Rohrleitungen des Walchenseekraftwerks. An einem anderen Ort soll gemäß der Skizze ein ähnliches Rohrleitungssystem angelegt werden.

Vorderansicht

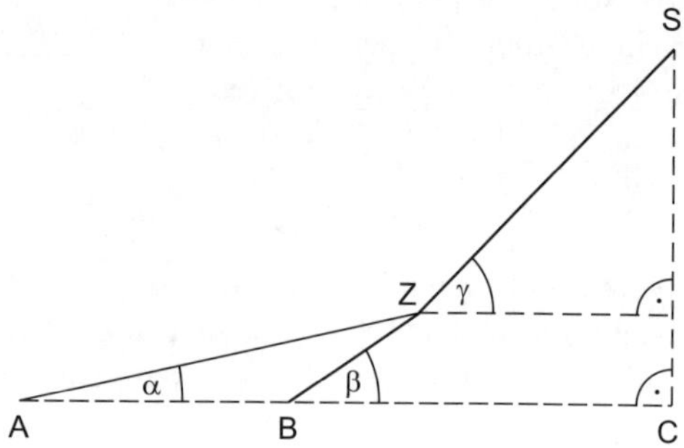

Seitenansicht

Vom Ort B aus sollen Rohrleitungen über die Zwischenstation Z zur Bergspitze S gebaut werden. Man weiß, dass

$\overline{AB} = 1\,260$ m

$\overline{CS} = 970$ m

$\alpha = 10{,}5°$

$\beta = 31{,}3°$

$\gamma = 40{,}9°$

gilt, und möchte die Länge einer Rohrleitung von B über Z nach S ermitteln. Berechne

a) $\overline{BZ}$. 5

b) den Abstand des Punktes Z von AC. 3

c) $\overline{SZ}$ und die Länge einer Rohrleitung. 4

Hinweise und Tipps

1 Berechne zunächst den Winkel φ und dann die Differenz der Umfänge.

2
- Alle Funktionsgraphen gehen aus der Sinus- bzw. Kosinuskurve durch die gleichen Streckungen bzw. Stauchungen parallel zu den Koordinatenachsen hervor. Entscheidend sind daher die Verschiebungen parallel zur x-Achse.
- Achte auch darauf, dass bei drei Graphen Spiegelungen an der x-Achse stattgefunden haben.

3 Trage in einen Einheitskreis eine Strecke der Länge sin α sowie α als Kreisbogen ein.

4
- Berechne zunächst den Winkel AZB.
- Wende dann den Sinussatz im Dreieck ABZ an.
- Verwende bei b und c die Definition des Sinus im rechtwinkligen Dreieck als Verhältnis von Gegenkathete zu Hypotenuse.

Lösung

1 7 Minuten,

Berechnung des Winkels φ:

Inhalt der Fläche F_1:

$A_1 = \frac{\varphi}{360°} \cdot (16{,}0\ \text{m})^2 \cdot \pi = \frac{\varphi}{360°} \cdot 256{,}0\ \text{m}^2 \cdot \pi$	Formel für Kreissektorfläche	1

Inhalt der Fläche F_2:

$A_2 = 28{,}0\ \text{m} \cdot 16{,}0\ \text{m} = 448{,}0\ \text{m}^2$	Formel für Rechtecksfläche	0,5
$\frac{\varphi}{360°} \cdot 256{,}0\ \text{m}^2 \cdot \pi = 448{,}0\ \text{m}^2$	Flächengleichheit	0,5
$\varphi = \frac{448{,}0\ \text{m}^2 \cdot 360°}{256{,}0\ \text{m}^2 \cdot \pi}$	auf beiden Seiten mit $\frac{360°}{256{,}0\ \text{m}^2 \cdot \pi}$ multiplizieren	0,5
$\varphi = 200{,}5°$	Taschenrechner	0,5

Umfang der Fläche F_1 ohne gemeinsame Grenze:

$U_1 = \frac{200{,}5°}{360°} \cdot 2 \cdot 16{,}0\ \text{m} \cdot \pi + 16{,}0\ \text{m}$	Formel für Kreissektorbogen	0,5
$= 72{,}0\ \text{m}$	Taschenrechner	0,5

Umfang der Fläche F_2 ohne gemeinsame Grenze:

$U_2 = 2 \cdot 28{,}0\ \text{m} + 16{,}0\ \text{m} = 72{,}0\ \text{m}$	Summe von Rechtecksseiten	0,5
Beide Eigentümer müssen gleich lange Zäune ziehen.		0,5

2 13 Minuten,

Der Graph von a(x) entsteht aus der Sinuskurve durch eine Streckung parallel zur y-Achse um den Faktor 2, eine Stauchung parallel zur x-Achse um denselben Faktor und eine anschließende Verschiebung parallel zur x-Achse um π Längeneinheiten nach links. 1,5

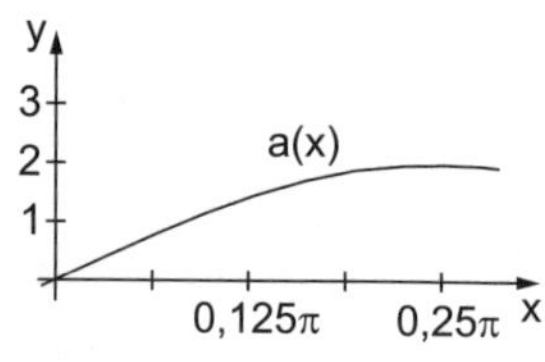

Der Graph von b(x) entsteht aus der Sinuskurve durch eine Streckung parallel zur y-Achse um den Faktor 2, eine Stauchung parallel zur x-Achse um denselben Faktor und eine anschließende Verschiebung parallel zur x-Achse um $\frac{\pi}{4}$ Längeneinheiten nach links. 1,5

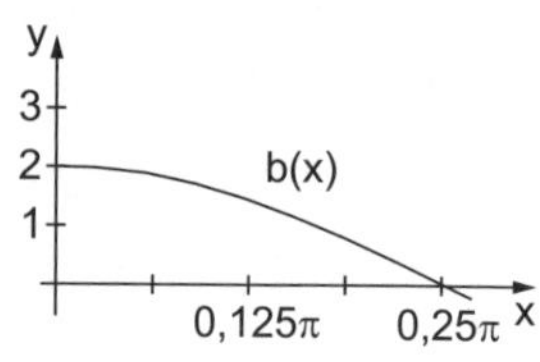

Der Graph von c(x) entsteht aus der Sinuskurve durch eine Streckung parallel zur y-Achse um den Faktor 2, eine Stauchung parallel zur x-Achse um denselben Faktor, eine Verschiebung parallel zur x-Achse um $\frac{\pi}{2}$ Längeneinheiten nach links und eine Spiegelung an der x-Achse.

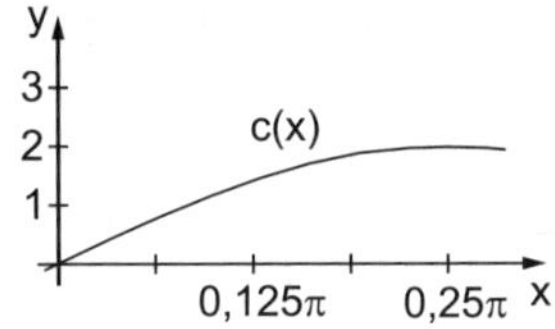

1,5

Der Graph von d(x) entsteht aus der Kosinuskurve durch eine Streckung parallel zur y-Achse um den Faktor 2, eine Stauchung parallel zur x-Achse um denselben Faktor, eine anschließende Verschiebung parallel zur x-Achse um $\frac{\pi}{4}$ Längeneinheiten nach links und eine Spiegelung an der x-Achse.

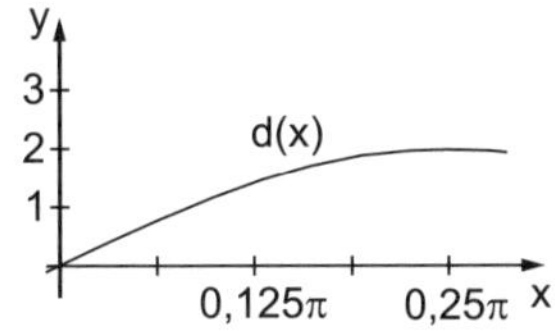

1,5

Der Graph von e(x) entsteht aus der Kosinuskurve durch eine Streckung parallel zur y-Achse um den Faktor 2 und eine Stauchung parallel zur x-Achse um denselben Faktor.

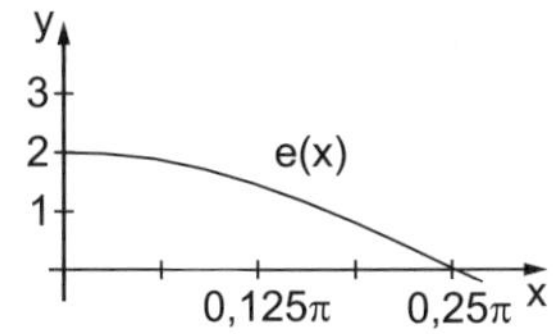

1,5

Der Graph von f(x) entsteht aus der Sinuskurve durch eine Streckung parallel zur y-Achse um den Faktor 2, eine Stauchung parallel zur x-Achse um denselben Faktor, eine anschließende Verschiebung parallel zur x-Achse um $\frac{\pi}{4}$ Längeneinheiten nach rechts und eine Spiegelung an der x-Achse.

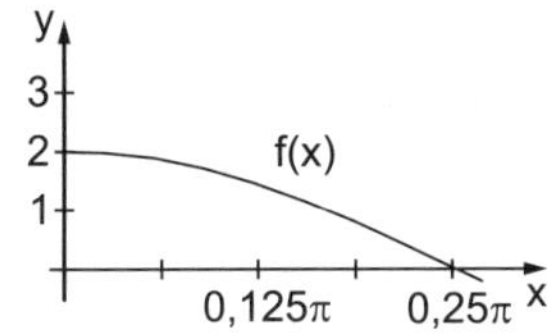

1,5

Durch Vergleich der Graphen ergibt sich:
$a(x) = c(x) = d(x)$ und $b(x) = e(x) = f(x)$ 1

3 a) 3 Minuten,
Je kleiner der Winkel α ist, desto besser stimmt die Länge der gestrichelten mit der Länge der dicken Linie überein. Daher kann für sehr kleine Winkel α (im Bogenmaß) $\sin\alpha \approx \alpha$ gesetzt werden.

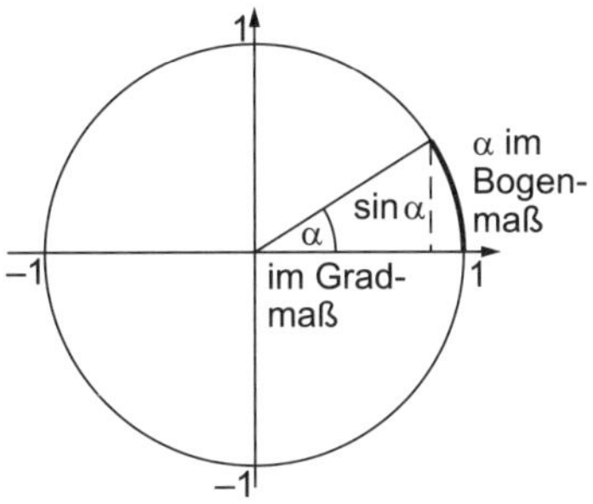

2

b) 3 Minuten,

Für $0 < \alpha$ (im Bogenmaß) ist die Länge der gestrichelten Linie immer kürzer als die der dicken. Daher gibt es kein im Bogenmaß gemessenes α so, dass $\sin\alpha = \alpha$.		1

4 a) 8 Minuten,

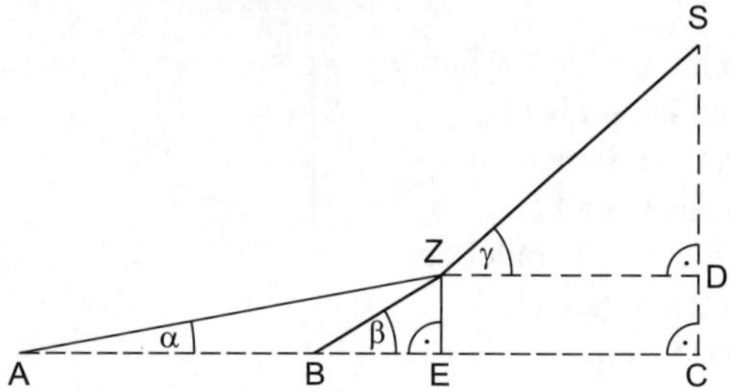

Berechnung des Winkels $\sphericalangle AZB$:

$\sphericalangle AZB + \alpha + (180° - \beta) = 180°$	Winkelsumme im Dreieck ABZ	1
$\Rightarrow \quad \sphericalangle AZB = \beta - \alpha$	auf beiden Seiten $\alpha + 180°$ subtrahieren und β addieren	0,5
$= 31{,}3° - 10{,}5° = 20{,}8°$	Zahlenwerte einsetzen; Taschenrechner	0,5

Berechnung von $\overline{BZ}$:

$\dfrac{\overline{BZ}}{\overline{AB}} = \dfrac{\sin\alpha}{\sin\sphericalangle AZB}$	Sinussatz im Dreieck ABZ	1
$\Rightarrow \quad \overline{BZ} = \dfrac{\sin\alpha}{\sin\sphericalangle AZB} \cdot \overline{AB}$	auf beiden Seiten mit $\overline{AB}$ multiplizieren	1
$= \dfrac{\sin 10{,}5°}{\sin 20{,}8°} \cdot 1\,260\text{ m} = 647\text{ m}$	Zahlenwerte einsetzen; Taschenrechner	1

b) 5 Minuten, /

$\sin\beta = \dfrac{\overline{EZ}}{\overline{BZ}}$	Sinus im rechtwinkligen Dreieck BEZ	1
$\Rightarrow \quad \overline{EZ} = \overline{BZ} \cdot \sin\beta$	auf beiden Seiten mit $\overline{BZ}$ multiplizieren	1
$= 647\text{ m} \cdot \sin 31{,}3° = 336\text{ m}$	Zahlenwerte einsetzen; Taschenrechner	1

c) 6 Minuten,

Berechnung von $\overline{SZ}$:

$\sin\gamma = \frac{\overline{DS}}{\overline{SZ}}$	Sinus im rechtwinkligen Dreieck ZDS	1
$\Rightarrow \quad \overline{SZ} = \frac{\overline{DS}}{\sin\gamma}$	auf beiden Seiten mit $\frac{\overline{SZ}}{\sin\gamma}$ multiplizieren	0,5
$= \frac{\overline{CS} - \overline{CD}}{\sin\gamma}$		0,5
$= \frac{970\text{ m} - 336\text{ m}}{\sin 40,9°} = 968\text{ m}$	Zahlenwerte einsetzen; $\overline{CD} = \overline{EZ}$; Taschenrechner	1

Länge einer Rohrleitung:

$\overline{BZ} + \overline{SZ} = 647\text{ m} + 968\text{ m} = 1\,615\text{ m}$		1

Klassenarbeit 7

BE

1 Am 11. Juli 1859 verkündete Big Ben in London zum ersten Mal die Zeit. Ein Durchmesser von sieben Metern machte das Ziffernblatt für Jahrzehnte zum größten Zeitgeber der Welt; der Minutenzeiger hat eine Länge von 4,3 m. Seine Spitze ist 3,4 m vom Drehpunkt entfernt. Der Stundenzeiger ist 2,75 m lang.
Wie lauten die in dm angegebenen kartesischen Koordinaten der Minutenzeigerspitze bezüglich des eingezeichneten Koordinatensystems? Erläutere deinen Rechenweg.

4

2 Albrecht Dürer (1471–1528) behauptete, dass ein Kreis den gleichen Flächeninhalt wie ein Quadrat besitzt, wenn der Kreisdurchmesser $\frac{4}{5}$ der Quadratdiagonalen beträgt. Welchen Wert verwendete Dürer für π? 6

3 Das Bild links zeigt eine Steckdosensicherung, die Kleinkinder vor dem Kontakt mit Strom führenden Metallteilen bewahrt.
Die Abbildung rechts zeigt die zugehörige, schematisch vereinfachte Umrissskizze, mit deren Hilfe du den Inhalt der abgedeckten Steckdosenfläche ermitteln kannst.

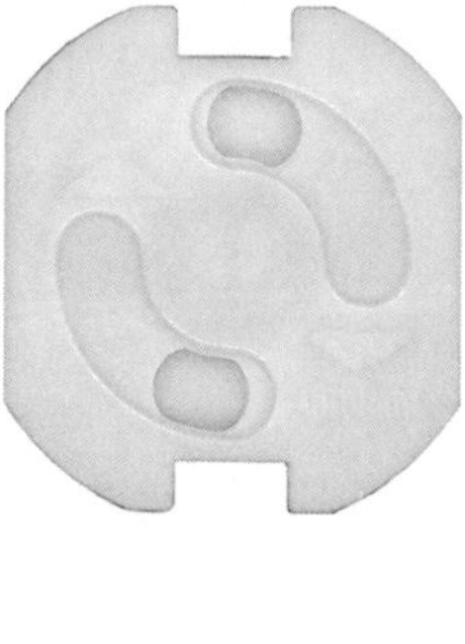

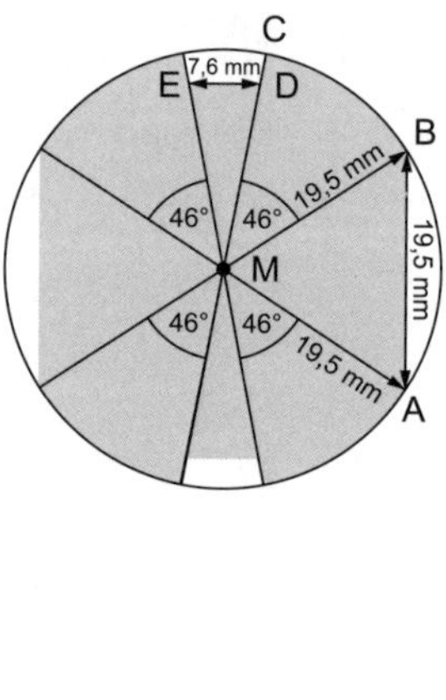

Berechne

a) den Inhalt der Dreiecksfläche ABM. 2

b) den Inhalt der Kreissektorfläche MBC. 2

c) den Winkel DME. 1

d) den Inhalt des Dreiecks MDE. 5

e) den Inhalt der abgedeckten Steckdosenfläche. 2

4 Gib eine auf $\mathbb{R}$ definierte Funktion mit unendlich vielen Nullstellen und der Wertemenge $W = [-9; 9]$ so an, dass zwei benachbarte Nullstellen immer den Abstand 1,5 besitzen. 8

Hinweise und Tipps

1
- Welchen Winkel überstreicht der Minutenzeiger in 1 Minute?
- Wie lauten die Polarkoordinaten der Minutenzeigerspitze?
- Welcher Zusammenhang besteht zwischen Polar- und kartesischen Koordinaten?

2
- Führe für die Länge der Quadratseite eine Variable ein, z. B. a.
- Drücke den Kreisradius mithilfe von a aus, indem du Dürers Bedingung nutzt.
- Berechne Dürers Wert für π durch Gleichsetzen von Quadrat- und Kreisfläche.

3
- Das Dreieck ABM ist gleichseitig.
- Wende bei b die Formel für eine Kreissektorfläche an.
- Der Vollkreis entspricht 360°. Was gilt für die Winkel in einem gleichseitigen Dreieck?
- Das Dreieck MDE ist gleichschenklig.
- Die Höhe auf die Basis lässt sich mithilfe des Tangens ermitteln.
- Verwende bei e die Ergebnisse der Teilaufgaben a, b und d.

4
- Verwende eine sinusförmige Funktion der Form $a\sin(bx + c)$.
- b lässt sich mit dem Abstand benachbarter Nullstellen ermitteln.
- a lässt sich mithilfe der Wertemenge bestimmen.
- Warum kann c jeden beliebigen Wert annehmen?

Lösung

1 6 Minuten,

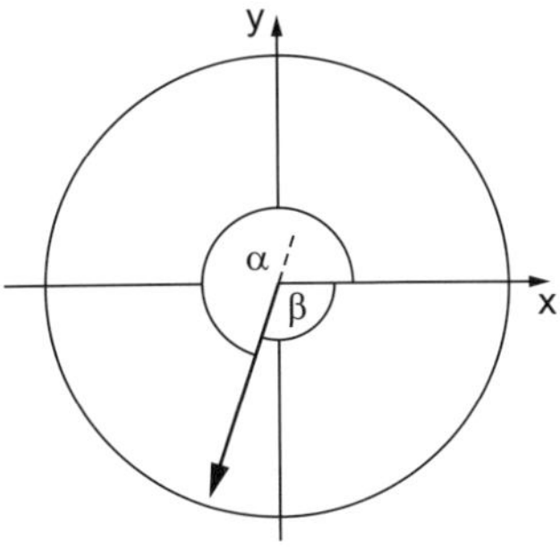

Auf der Uhr ist es 9 : 34 Uhr.
Da der Minutenzeiger in einer Minute $\frac{360°}{60} = 6°$ vorrückt und in 1
$15 + 4 = 19$ Minuten das Winkelfeld β überstreicht, gilt:
$\beta = 6° \cdot 19 = 114°$ 0,5
$\alpha = 360° - 114° = 246°$ 0,5
Nach der Definition von Sinus und Kosinus für beliebige Winkel findest du unter Berücksichtigung von $\ell = 34$ dm für die gesuchten Koordinaten:
$x = \ell \cos\alpha = 34 \text{ dm} \cdot \cos 246° = -13{,}8 \text{ dm}$ 1
$y = \ell \sin\alpha = 34 \text{ dm} \cdot \sin 246° = -31{,}1 \text{ dm}$ 1
Die kartesischen Koordinaten lauten: (–13,8 dm | –31,1 dm)

2 8 Minuten, /
Die Seitenlänge des Quadrats wird mit a bezeichnet.
Dann hat die Quadratdiagonale die Länge: $d = a \cdot \sqrt{2}$ 1
Für den Radius r eines Kreises, dessen Flächeninhalt mit dem Quadratinhalt übereinstimmt, gilt nach Dürer:
$r = \frac{1}{2} \cdot \frac{4}{5} \cdot a \cdot \sqrt{2} = \frac{2\sqrt{2}}{5} \cdot a \quad (*)$ 1

Berechnung von π:

$r^2 \cdot \pi = a^2$	$A_{Kreis} = A_{Quadrat}$	1
$\left(\frac{2\sqrt{2}}{5} \cdot a\right)^2 \cdot \pi = a^2$	r aus Beziehung (∗) einsetzen	1

$\frac{8}{25} \cdot a^2 \cdot \pi = a^2$	$(2\sqrt{2})^2 = 4 \cdot 2 = 8$	1
$\pi = \frac{25}{8} = 3{,}125$	auf beiden Seiten durch a^2 dividieren und mit $\frac{25}{8}$ multiplizieren	1

3 a) 6 Minuten,

$A_1 = A_{\Delta ABM} = \frac{a^2}{4}\sqrt{3}$	Flächeninhalt eines gleichseitigen Dreiecks (Merkhilfe)	1
$= \frac{(19{,}5\ \text{mm})^2}{4}\sqrt{3} = 164{,}7\ \text{mm}^2$	Zahlenwert für a einsetzen	1

b) 3 Minuten, /

$A_{\text{Sektor}} = \frac{46°}{360°} \cdot (19{,}5\ \text{mm})^2 \cdot \pi$	Formel für Kreissektorfläche	1
$= 152{,}6\ \text{mm}^2$		1

c) 2 Minuten,

$\sphericalangle DME = (360° - 4 \cdot 46° - 2 \cdot 60°) : 2 = 28°$	Winkel im gleichseitigen Dreieck gleich 60°	1

d) 6 Minuten,

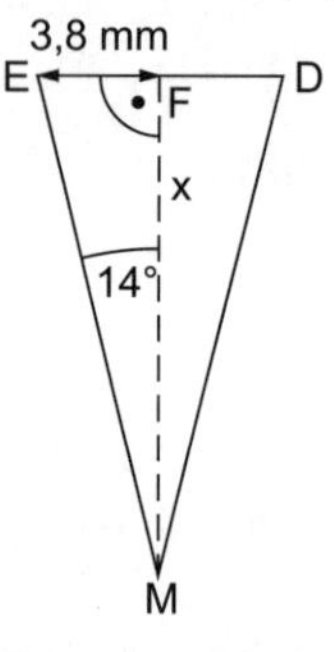

Dreieck MDE ist gleichschenklig; $28° : 2 = 14°$; $7{,}6\ \text{mm} : 2 = 3{,}8\ \text{mm}$ 1

Berechnung der Höhe x:

$\tan 14° = \frac{3{,}8\ \text{mm}}{x}$	Tangens im rechtwinkligen Dreieck MFE	1
$x = \frac{3{,}8\ \text{mm}}{\tan 14°} = 15{,}2\ \text{mm}$	auf beiden Seiten mit $\frac{x}{\tan 14°}$ multiplizieren	1

Berechnung der Fläche A_2 des Dreiecks MDE:

$A_2 = \frac{7{,}6\ \text{mm} \cdot 15{,}2\ \text{mm}}{2} = 57{,}8\ \text{mm}^2$	Formel für Dreiecksfläche	2

e) 2 Minuten,

Abgedeckte Fläche:

$A = 4 \cdot A_{Sektor} + 2 \cdot A_1 + 2 \cdot A_2$ 1

$= 4 \cdot 152{,}6\ mm^2 + 2 \cdot 164{,}7\ mm^2 + 2 \cdot 57{,}8\ mm^2 = 1\,055{,}4\ mm^2$ 1

4 12 Minuten,

Als Funktion mit unendlich vielen, äquidistanten Nullstellen bietet sich eine sinusförmige Funktion der Form $f(x) = a\sin(bx + c)$ an. 1

Bei Funktionen dieses Typs ist der Abstand zwischen zwei benachbarten Nullstellen die Hälfte der kleinsten Periode p. 1

Bestimmung von b:

$p = \frac{2\pi}{b} \Rightarrow \frac{p}{2} = \frac{\pi}{b}$ 1

$\Rightarrow \frac{\pi}{b} = \frac{3}{2}$ Forderung des Aufgabentextes 0,5

$\Rightarrow \frac{\pi \cdot 2}{3} = b$ auf beiden Seiten mit 2 und b multiplizieren und durch 3 dividieren 0,5

Bestimmung von a:

Aus $W = [-9; 9]$ kann man die Amplitude a bestimmen: $a = 9$ 2

Da c nur eine Verschiebung parallel zur x-Achse bewirkt und daher beliebig gewählt werden kann, genügt jede Funktion der Form

$f(x) = 9\sin\left(\frac{2\pi}{3}x + c\right)$ den geforderten Bedingungen. 2

Klassenarbeiten zum Themenbereich 2

- Exponentielles Wachstum und Logarithmen
- Zusammengesetzte Zufallsexperimente

Klassenarbeit 8

BE

1 a) Ergänze in nebenstehender Vierfeldertafel die fehlenden Wahrscheinlichkeiten. 3

b) Berechne $P_{\overline{A}}(B)$, $P_A(\overline{B})$, $P_B(\overline{A})$ und $P_{\overline{B}}(\overline{A})$. 2

c) Zeichne die beiden zur Vierfeldertafel gehörenden Baumdiagramme und gib für alle Teilpfade die zugehörigen Wahrscheinlichkeiten an. 4

	A	$\overline{A}$	
B	17 %		
$\overline{B}$		12 %	
		35 %	

2 Von 5,00 g des radioaktiven Isotops Jod 131 sind nach 3 Tagen nur noch 3,86 g vorhanden.

a) Gib eine Funktion f(t) an, die den Zerfall von Jod 131 als Funktion der Zeit t beschreibt. 3

b) Berechne mithilfe von f(t) die Halbwertszeit von Jod 131. 3

c) Um wie viel Prozent nimmt die Jodmenge täglich ab? 2

d) Wie viel Gramm Jod 131 sind nach 10 Tagen noch vorhanden? 1

3 Gegeben sind die auf $\mathbb{R}$ definierten Funktionen
$f(x) = 1,2 \cdot 1,4^x$ und $g(x) = 3,8 \cdot 2,9^{-x}$.

a) Zeichne ihre Graphen im Intervall [0; 3]. Berechne hierfür vorab bei 0 beginnend in einer Schrittweite von 0,5 die Funktionswerte von f(x) und g(x). 4

b) Bestimme grafisch die Lösung der Gleichung $1,2 \cdot 1,4^x = 3,8 \cdot 2,9^{-x}$. 1

c) Berechne die Lösung der Gleichung aus Teilaufgabe b auf 3 Dezimalstellen genau und vergleiche sie mit der grafisch bestimmten Lösung. 3

4 Ordne a, b, c der Größe nach, wenn $\log_a 0,5 = 3$, $\log_{0,5} b = 3$, $\log_{0,5} 3 = c$. 4

Hinweise und Tipps

1
- Beginne mit der Berechnung von $P(B \cap \overline{A})$.
- Denke an $P(\overline{A}) = 1 - P(A)$.
- Verwende für b die Beziehung $P_A(B) = \frac{P(A \cap B)}{P(A)}$ (siehe Merkhilfe).
- Ein Baumdiagramm veranschaulicht ein zweistufiges Zufallsexperiment, bei dem die erste Stufe aus A bzw. $\overline{A}$ und die zweite Stufe aus B bzw. $\overline{B}$ besteht. Beim zweiten Baumdiagramm ist es umgekehrt.
- Bis auf vier Werte findest du alle Wahrscheinlichkeiten für die Teilpfade in den Teilaufgaben a und b. Fehlende Wahrscheinlichkeiten findest du über Gegenereignisse.

2
- Bestimme die Koeffizienten a und b einer Exponentialfunktion des Typs $f(t) = a \cdot b^t$.
- Unter Halbwertszeit versteht man diejenige Zeitspanne, innerhalb der eine „Population“ um die Hälfte abnimmt.
- Die Abnahme im Zeitintervall $[t_1; t_2]$ entspricht der Differenz $f(t_1) - f(t_2)$. Beachte, dass nach der prozentualen Abnahme gefragt ist.

3
- Entnimm für Aufgabe b die x-Koordinate des Graphenschnittpunkts aus der Zeichnung von Aufgabe a.
- Um die Gleichung lösen zu können, musst du zunächst auf beiden Seiten logarithmieren.
- Wende dann die Rechenregeln für Logarithmen an, um nach x aufzulösen.

4 Wandle jede Gleichung in eine Exponentialgleichung um.

Lösung

1 a) 4 Minuten,

	A	$\overline{A}$	
B	**17 %**	23 % 1. Schritt	40 % 2. Schritt
$\overline{B}$	48 % 4. Schritt	**12 %**	60 % 3. Schritt
	65 % 5. Schritt	**35 %**	100 %

Die fett gedruckten Werte sind gegeben. 0,5

1. Schritt: $P(B \cap \overline{A}) = P(\overline{A}) - P(\overline{B} \cap \overline{A}) = 35\,\% - 12\,\% = 23\,\%$ 0,5

2. Schritt: $P(B) = P(B \cap A) + P(B \cap \overline{A}) = 17\,\% + 23\,\% = 40\,\%$ 0,5

3. Schritt: $P(\overline{B}) = 100\,\% - P(B) = 100\,\% - 40\,\% = 60\,\%$ 0,5

4. Schritt: $P(\overline{B} \cap A) = P(\overline{B}) - P(\overline{B} \cap \overline{A}) = 60\,\% - 12\,\% = 48\,\%$ 0,5

5. Schritt: $P(A) = 100\,\% - P(\overline{A}) = 100\,\% - 35\,\% = 65\,\%$ 0,5

b) 5 Minuten,

$$P_{\overline{A}}(B) = \frac{P(\overline{A} \cap B)}{P(\overline{A})} = \frac{0,23}{0,35} = \frac{23}{35} = 65,7\,\%$$

bedingte Wahrscheinlichkeit (siehe Merkhilfe) 0,5

$$P_A(\overline{B}) = \frac{P(A \cap \overline{B})}{P(A)} = \frac{0,48}{0,65} = \frac{48}{65} = 73,8\,\%$$ 0,5

$$P_B(\overline{A}) = \frac{P(B \cap \overline{A})}{P(B)} = \frac{0,23}{0,40} = \frac{23}{40} = 57,5\,\%$$ 0,5

$$P_{\overline{B}}(\overline{A}) = \frac{P(\overline{B} \cap \overline{A})}{P(\overline{B})} = \frac{0,12}{0,60} = \frac{1}{5} = 20\,\%$$ 0,5

c) 5 Minuten,

1. Baumdiagramm:

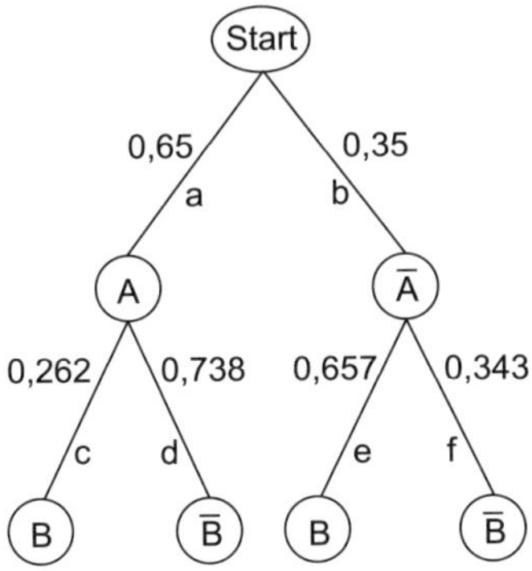

1

Pfad a: $P(A) = 0,65$ Pfad b: $P(\overline{A}) = 0,35$ Teilaufgabe a

Pfad d: $P_A(\overline{B}) = 0,738$ Pfad e: $P_{\overline{A}}(B) = 0,657$ Teilaufgabe b

Pfad c: $P_A(B) = 1 - P_A(\overline{B}) = 1 - 0,738 = 0,262$ 0,5

Pfad f: $P_{\overline{A}}(\overline{B}) = 1 - P_{\overline{A}}(B) = 1 - 0,657 = 0,343$ 0,5

2. Baumdiagramm:

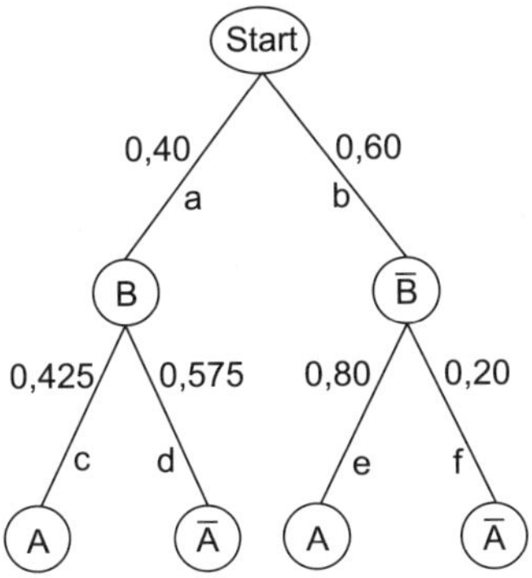

1

Pfad a: $P(B) = 0,40$ Pfad b: $P(\overline{B}) = 0,60$ Teilaufgabe a

Pfad d: $P_B(\overline{A}) = 0,575$ Pfad f: $P_{\overline{B}}(\overline{A}) = 0,20$ Teilaufgabe b

Pfad e: $P_{\overline{B}}(A) = 1 - P_{\overline{B}}(\overline{A}) = 1 - 0,20 = 0,80$ 0,5

Pfad c: $P_B(A) = 1 - P_B(\overline{A}) = 1 - 0,575 = 0,425$ 0,5

2 a) 4 Minuten,

Der Zerfall lässt sich mit einer Funktion der Form $f(t) = 5{,}00 \cdot b^t$ beschreiben. Die Massen werden dabei in Gramm und die Zeit in Tagen gemessen.

Berechnung von b:

(1) $f(3) = 3{,}86$	laut Aufgabenstellung	0,5
(2) $f(3) = 5{,}00 \cdot b^3$	Verwendung der Zerfallsfunktion	0,5
$3{,}86 = 5{,}00 \cdot b^3$	Gleichsetzen von (1) und (2)	0,5
$b^3 = \frac{3{,}86}{5{,}00} = 0{,}772$	auf beiden Seiten durch 5,00 dividieren	0,5
$b = 0{,}772^{\frac{1}{3}} = 0{,}917$	auf beiden Seiten mit $\frac{1}{3}$ potenzieren	0,5
Eine mögliche Funktion lautet: $f(t) = 5{,}00 \cdot 0{,}917^t$		0,5

b) 4 Minuten,

Berechnung der Halbwertszeit T:

$f(T) = \frac{1}{2} \cdot f(0)$	laut Definition der Halbwertszeit	0,5
$5{,}00 \cdot 0{,}917^T = 2{,}50$	Einsetzen in den Funktionsterm	0,5
$0{,}917^T = \frac{2{,}50}{5{,}00} = 0{,}500$	auf beiden Seiten durch 5,00 dividieren	0,5
$T \cdot \log_{10} 0{,}917 = \log_{10} 0{,}500$	auf beiden Seiten logarithmieren; $\log u^r = r \log u$	0,5
$T = \frac{\log_{10} 0{,}500}{\log_{10} 0{,}917} = 8{,}00$	auf beiden Seiten durch $\log_{10} 0{,}917$ dividieren; Taschenrechner	0,5
Die Halbwertszeit beträgt 8 Tage.		0,5

c) 5 Minuten, /

Abnahme innerhalb eines Tages:

$f(t) - f(t+1)$

Prozentuale Abnahme innerhalb eines Tages:

$\frac{f(t) - f(t+1)}{f(t)} = \frac{f(t)}{f(t)} - \frac{f(t+1)}{f(t)}$	Distributivgesetz	0,5
$= 1 - \frac{f(t+1)}{f(t)}$	Kürzen	
$= 1 - \frac{5{,}00 \cdot 0{,}917^{t+1}}{5{,}00 \cdot 0{,}917^t}$	in Funktionsterm einsetzen	0,5

$= 1 - \frac{0{,}917^{t+1}}{0{,}917^t}$ mit 5,00 kürzen

$= 1 - 0{,}917 = 0{,}083$ 2. Potenzgesetz 0,5

$= 8{,}3\ \%$

Die Jodmenge nimmt pro Tag um ca. 8,3 % ab. 0, 5

d) 2 Minuten,

$f(10) = 5{,}00 \cdot 0{,}917^{10} = 2{,}10$ in Funktionsterm einsetzen 1

Nach 10 Tagen sind nur noch 2,1 g vorhanden.

3 a) 6 Minuten,

x	0,0	0,5	1,0	1,5	2,0	2,5	3,0
f(x)	1,2	1,4	1,7	2,0	2,4	2,8	3,3
g(x)	3,8	2,2	1,3	0,8	0,5	0,3	0,2

2

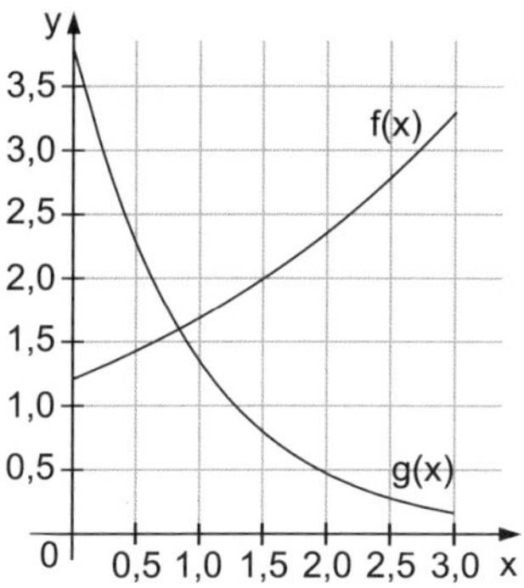

2

b) 1 Minute,

Die x-Koordinate des Schnittpunkts der beiden Funktionsgraphen in Teilaufgabe a liegt bei etwa 0,8. 1

c) 4 Minuten,

$1{,}2 \cdot 1{,}4^x = 3{,}8 \cdot 2{,}9^{-x}$

$\log_{10}(1{,}2 \cdot 1{,}4^x) = \log_{10}(3{,}8 \cdot 2{,}9^{-x})$ auf beiden Seiten logarithmieren 0,5

$\log_{10} 1{,}2 + \log_{10} 1{,}4^x = \log_{10} 3{,}8 + \log_{10} 2{,}9^{-x}$ Rechenregeln für Logarithmen (Merkhilfe) 0,5

$\log_{10} 1{,}2 + x \cdot \log_{10} 1{,}4 = \log_{10} 3{,}8 - x \cdot \log_{10} 2{,}9$ Rechenregeln für Logarithmen (Merkhilfe) 0,5

$x \cdot \log_{10} 1{,}4 + x \cdot \log_{10} 2{,}9 = \log_{10} 3{,}8 - \log_{10} 1{,}2$	auf beiden Seiten $\log_{10} 1{,}2$ subtrahieren und $x \log_{10} 2{,}9$ addieren	0,5
$x \cdot (\log_{10} 1{,}4 + \log_{10} 2{,}9) = \log_{10} 3{,}8 - \log_{10} 1{,}2$	x ausklammern	0,5
$x = \dfrac{\log_{10} 3{,}8 - \log_{10} 1{,}2}{\log_{10} 1{,}4 + \log_{10} 2{,}9} = 0{,}823$	auf beiden Seiten durch $\log_{10} 1{,}4 + \log_{10} 2{,}9$ dividieren; Taschenrechner	0,5

Dieses Ergebnis ist in guter Übereinstimmung mit der grafisch bestimmten Lösung 0,8.

4 5 Minuten,

$\log_a 0{,}5 = 3 \Rightarrow a^3 = 0{,}5$	Definition des Logarithmus	0,5
$\Rightarrow a = 0{,}5^{\frac{1}{3}} = 0{,}79$	auf beiden Seiten mit $\frac{1}{3}$ potenzieren; Taschenrechner	0,5
$\log_{0,5} b = 3 \Rightarrow 0{,}5^3 = b$	Definition des Logarithmus	0,5
$\Rightarrow b = 0{,}125$		0,5
$\log_{0,5} 3 = c \Rightarrow c = \dfrac{\log_{10} 3}{\log_{10} 0{,}5} = -1{,}6$	Rechenregeln für Logarithmen (Merkhilfe)	1
Also gilt: $c < b < a$		1

Klassenarbeit 9

BE

1 Von einer Bakterienkultur sind zu Beginn der Zeitmessung 3,6 Millionen Bakterien vorhanden. Innerhalb von jeweils 40 Minuten erhöht sich die Bakterienzahl um 30 %.

a) Stelle die Zahl N(t) der vorhandenen Bakterien als Funktion der Zeit t (in Stunden nach Beginn der Zeitrechnung) dar. 3

b) Wie viele Bakterien sind 17 Stunden nach Beginn der Zeitrechnung vorhanden? 1

c) Nach wie vielen Stunden verdreifacht sich jeweils die Anzahl der Bakterien? 3

2 Laut eines Berichts der Europäischen Zentralbank befanden sich Ende 2007 in der Eurozone 12 114 Millionen Banknoten im Umlauf. 354 000 davon waren gefälscht. Bei 120 369 der Falschgeldscheine handelte es sich um Fünfzig-Euro-Noten. Insgesamt waren 4 442 Millionen Banknoten 50-Euro-Scheine.

Peter macht am 24. Dezember 2007 schnell noch die letzten Weihnachtseinkäufe und entdeckt vor sich auf dem Gehweg einen Geldschein. Einerseits hat er keine Skrupel, ihn aufzuheben und zu behalten, andererseits möchte er auch nicht mit Falschgeld bezahlen. Er beschließt, nur dann mit dem Schein zu bezahlen, wenn er mit mindestens 99,997-prozentiger Sicherheit davon ausgehen kann, dass der Schein echt ist.

a) Noch kann er nicht genau erkennen, um welchen Schein es sich handelt. Kann er ihn für seine Einkäufe verwenden? 3

b) Beim Näherkommen stellt er fest, dass es sich nicht um eine 50-Euro-Note handelt. Warum darf er jetzt nicht mehr mit dem Schein zahlen? 6

3 Bestimme die Lösungsmengen folgender Gleichungen über der Grundmenge $G = \mathbb{R}^+$. Verwende dabei auf deinem Taschenrechner nur die Taste für den Zehnerlogarithmus. Runde deine Ergebnisse auf zwei Stellen hinter dem Komma.

a) $4{,}2^x = 7{,}25$ 2

b) $\log_{7{,}25} 4{,}2 = x$ 2

c) $\log_{7{,}25} x = 4{,}2$ 2

d) $\log_x 4{,}2 = 7{,}25$ 2

4 Peter hat mit einem Funktionsplotter die Graphen folgender Funktionen gezeichnet:

$f(x) = 2 \cdot 2^x$

$g(x) = 2^{x-1}$

$h(x) = 2^x - 1$

$j(x) = 2 - 2^x$

$k(x) = 2^{2x-2}$

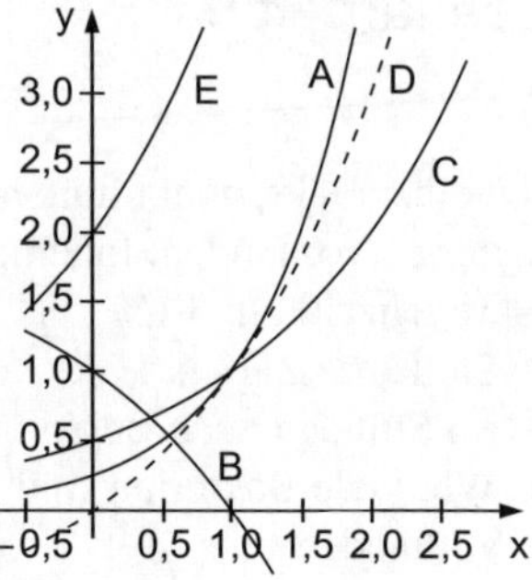

Leider fehlt ihm jetzt der Überblick. Er weiß nicht mehr, welcher Graph zu welchem Term gehört. Hilf ihm bei der Zuordnung und begründe deine Entscheidungen. 3

5 Berechne die Lösungsmenge der Gleichung $81^{x+1} \cdot 3^{9-2x} = 27^x$ durch Exponentenvergleich über der Grundmenge $G = \mathbb{R}$. 3

Hinweise und Tipps

1
- Bestimme die Koeffizienten a und b einer Exponentialfunktion des Typs $f(t) = a \cdot b^t$.
- Gilt $N(t + \Delta t) = 3 \cdot N(t)$, so findet innerhalb des Zeitintervalls Δt eine Verdreifachung statt.

2
- Wahrscheinlichkeit und relative Häufigkeit können gleichgesetzt werden.
- Bestimme bei Aufgabe b eine bedingte Wahrscheinlichkeit.

3
- Logarithmiere bei a zunächst auf beiden Seiten.
- Verwende bei Aufgabe b die Basistransformationsformel für Logarithmen (siehe Merkhilfe).
- Wandle die Gleichungen bei c und d in eine Exponentialgleichung um.

4 Den entscheidenden Hinweis liefert jeweils der Punkt, in dem der Graph die y-Achse schneidet.

5
- Forme alle Potenzen auf die gemeinsame Basis 3 um.
- Fasse die Exponenten mithilfe von Potenzgesetzen zusammen.
- Setze die Exponenten beider Seiten gleich.

Lösung

1 a) 4 Minuten,

Das Wachstum lässt sich mit einer Funktion der Form
$N(t) = 3\,600\,000 \cdot b^t$ beschreiben. t wird dabei in Stunden gemessen. 0,5

Berechnung von b:

(1) $N\left(\frac{2}{3}h\right) = 3\,600\,000 \cdot 1{,}3 = 4\,680\,000$	40 Minuten sind $\frac{2}{3}$ Stunden. Nach $\frac{2}{3}$ Stunden hat die Anzahl auf 130 % zugenommen.	0,5
(2) $N\left(\frac{2}{3}h\right) = 3\,600\,000 \cdot b^{\frac{2}{3}}$		0,5
$4\,680\,000 = 3\,600\,000 \cdot b^{\frac{2}{3}}$	(1) = (2)	0,5
$b^{\frac{2}{3}} = \frac{4\,680\,000}{3\,600\,000} = 1{,}3$	auf beiden Seiten durch 3 600 000 dividieren	0,5
$b = 1{,}3^{\frac{3}{2}} = 1{,}482$	auf beiden Seiten mit $\frac{3}{2}$ potenzieren	0,5

Eine mögliche Wachstumsfunktion lautet daher:
$N(t) = 3\,600\,000 \cdot 1{,}482^t$; t in Stunden

b) 2 Minuten,

$N(17) = 3\,600\,000 \cdot 1{,}482^{17} = 2{,}889 \cdot 10^9$ 1

c) 5 Minuten, /

Bezeichnet Δt die gesuchte Zeitspanne und t einen beliebigen Zeitpunkt, so gilt:

$N(t + \Delta t) = 3 \cdot N(t)$	Verdreifachung in der Zeitspanne Δt	0,5
$3\,600\,000 \cdot 1{,}482^{t+\Delta t} = 3 \cdot 3\,600\,000 \cdot 1{,}482^t$	in Wachstumsfunktion aus Teilaufgabe a einsetzen	
$1{,}482^{t+\Delta t} = 3 \cdot 1{,}482^t$	auf beiden Seiten durch 3 600 000 dividieren	
$1{,}482^{\Delta t} = 3$	auf beiden Seiten durch $1{,}482^t$ dividieren; 2. Potenzgesetz	0,5
$\log_{10} 1{,}482^{\Delta t} = \log_{10} 3$	auf beiden Seiten logarithmieren	0,5
$\Delta t \cdot \log_{10} 1{,}482 = \log_{10} 3$	Rechenregeln für Logarithmen	0,5
$\Delta t = \frac{\log_{10} 3}{\log_{10} 1{,}482} = 2{,}79$	auf beiden Seiten durch $\log_{10} 1{,}482$ dividieren; Taschenrechner	0,5

Nach 2,79 Stunden, also etwa 2 Stunden und 47 Minuten, hat sich die Anzahl der Bakterien verdreifacht. 0,5

2 Folgende Bezeichnungen werden verwendet:
$F \mathrel{\hat{=}}$ „Geldschein ist gefälscht“
$50 \mathrel{\hat{=}}$ „Geldschein ist eine 50-Euro-Note“

a) 3 Minuten, /

$$P(F) = \frac{0{,}354 \text{ Mio}}{12\,114 \text{ Mio}} = 2{,}922238732 \cdot 10^{-5}$$ 1

$$P(\overline{F}) = 1 - P(F) = 1 - 2{,}922238732 \cdot 10^{-5} = 0{,}999970777 > 0{,}99997$$ 1

Peter kann den Geldschein verwenden. 1

b) 9 Minuten,
Berechnet werden muss die Wahrscheinlichkeit dafür, dass der Schein echt ist, unter der Voraussetzung, dass es sich nicht um eine 50-Euro-Note handelt:

$$P_{\overline{50}}(\overline{F}) = 1 - P_{\overline{50}}(F)$$ Wahrscheinlichkeit des Gegenereignisses 1,5

$$= 1 - \frac{P(\overline{50} \cap F)}{P(\overline{50})}$$ bedingte Wahrscheinlichkeit (siehe Merkhilfe) 0,5

$$P(\overline{50}) = \frac{12\,114 \text{ Mio} - 4\,442 \text{ Mio}}{12\,114 \text{ Mio}} = \frac{7\,672}{12\,114}$$ relative Häufigkeit nach Angabe 1

$$P(\overline{50} \cap F) = \frac{0{,}354 \text{ Mio} - 0{,}120369 \text{ Mio}}{12\,114 \text{ Mio}}$$ relative Häufigkeit nach Angabe 1

$$= \frac{0{,}233631}{12\,114}$$

Es folgt:

$$P_{\overline{50}}(\overline{F}) = 1 - \frac{\frac{0{,}233631}{12\,114}}{\frac{7\,672}{12\,114}} = 1 - \frac{0{,}233631}{7\,672}$$ im Zähler und Nenner mit 12 114 erweitern 1

$$= 0{,}9999695 < 0{,}99997$$ 0,5

Peter kann jetzt den Geldschein nicht verwenden. 0,5

3 a) 3 Minuten,

$4{,}2^x = 7{,}25$		
$\log_{10} 4{,}2^x = \log_{10} 7{,}25$	auf beiden Seiten logarithmieren	0,5
$x \cdot \log_{10} 4{,}2 = \log_{10} 7{,}25$	Rechenregeln für Logarithmen (Merkhilfe)	0,5
$x = \frac{\log_{10} 7{,}25}{\log_{10} 4{,}2}$	auf beiden Seiten durch $\log_{10} 4{,}2$ dividieren	0,5
$= 1{,}38$	Taschenrechner	0,5

b) 3 Minuten, /

$x = \log_{7,25} 4{,}2$		
$x = \frac{\log_{10} 4{,}2}{\log_{10} 7{,}25}$	Rechenregeln für Logarithmen (Merkhilfe)	1
$x = 0{,}72$	Taschenrechner	1

c) 3 Minuten,

$\log_{7,25} x = 4{,}2$		
$\Rightarrow \quad x = 7{,}25^{4,2}$	Definition des Logarithmus	1
$x = 4\,106{,}01$	Taschenrechner	1

d) 3 Minuten, /

$\log_x 4{,}2 = 7{,}25$		
$\Rightarrow \quad x^{7,25} = 4{,}2$	Definition des Logarithmus	1
$x = 4{,}2^{\frac{1}{7,25}}$	auf beiden Seiten mit $\frac{1}{7,25}$ potenzieren	0,5
$x = 1{,}22$	Taschenrechner	0,5

4 5 Minuten, /

Den entscheidenden Hinweis liefert jeweils der Punkt, in dem der Graph die y-Achse schneidet. 0,5

$f(0) = 2 \cdot 2^0 = 2$

Der einzige Graph, der die y-Achse im Punkt $(0|2)$ schneidet, ist Graph E. Daher gehört E zu f(x). 0,5

$g(0) = 2^{0-1} = 2^{-1} = \frac{1}{2}$

Der einzige Graph, der die y-Achse im Punkt $\left(0 \mid \frac{1}{2}\right)$ schneidet, ist Graph C. Daher gehört C zu g(x). 0,5

$h(0) = 2^0 - 1 = 1 - 1 = 0$

Der einzige Graph, der die y-Achse im Punkt $(0 \mid 0)$ schneidet, ist Graph D. Daher gehört D zu h(x). 0,5

$j(0) = 2 - 2^0 = 2 - 1 = 1$

Der einzige Graph, der die y-Achse im Punkt $(0 \mid 1)$ schneidet, ist Graph B. Daher gehört B zu j(x). 0,5

$k(0) = 2^{0-2} = 2^{-2} = \frac{1}{4}$

Der einzige Graph, der die y-Achse im Punkt $\left(0 \mid \frac{1}{4}\right)$ schneidet, ist Graph A. Daher gehört A zu k(x). 0,5

5 5 Minuten,

$81^{x+1} \cdot 3^{9-2x} = 27^x$		
$(3^4)^{x+1} \cdot 3^{9-2x} = (3^3)^x$	auf gemeinsame Basis 3 umrechnen	0,5
$3^{4x+4} \cdot 3^{9-2x} = 3^{3x}$	Potenzgesetze (siehe Merkhilfe)	0,5
$3^{4x+4+9-2x} = 3^{3x}$	Potenzgesetze (siehe Merkhilfe)	0,5
$3^{2x+13} = 3^{3x}$	im Exponenten zusammenfassen	0,5
$2x + 13 = 3x$	Exponentenvergleich	0,5
$13 = x$	auf beiden Seiten 2x subtrahieren	0,5

Klassenarbeit 10

BE

1 Berechne ohne Verwendung des Taschenrechners (also **alle** Rechenschritte aufs Blatt).

a) $\log_{\sqrt{3}} 3^{-1,5}$ 3

b) $\log_{\frac{1}{3}} \sqrt{3}$ 3

2 Beim Tauchen in einem See stellt man fest, dass die Lichtintensität I mit zunehmender Wassertiefe nach folgendem Gesetz abnimmt:
$I = I_0 \cdot 10^{-kx}$
I_0 bezeichnet dabei die Lichtintensität an der Wasseroberfläche, x die Wassertiefe in m und k den „Absorptionskoeffizienten" in m^{-1}. Bei klarem Wasser gilt $k = 1{,}04$.

a) Stelle für $k = 1{,}04$ die „relative Lichtintensität" $y = \frac{I}{I_0}$ in Abhängigkeit der Wassertiefe x im Bereich $0 \leq x \leq 1$ grafisch dar. Berechne dazu für x im Abstand von 0,1 bei 0 beginnend und bei 1 endend die zugehörigen y-Werte. (Wähle als Längeneinheit auf beiden Achsen 10 cm.) 4

b) Bestimme grafisch die Tiefe, in der die Lichtintensität nur noch 20 % von I_0 beträgt. 1

c) Überprüfe dein Ergebnis aus Teilaufgabe b rechnerisch. 3

d) Durch Wasserverschmutzung erhöht sich der Absorptionskoeffizient k. Wie groß ist k in einem verschmutzten See, in dem sich die Lichtintensität alle 15 cm Wassertiefe halbiert? 4

3 Berechne über der Grundmenge $G = \mathbb{R}$ die Lösungsmenge der Gleichung $9^x = 3^x + 2$ durch die Substitution $z = 3^x$. 4

4 Für zwei Ereignisse R und F sind folgende Baumdiagramme gegeben.

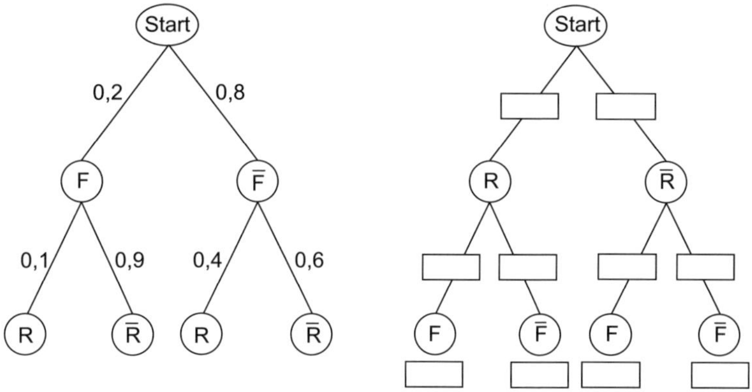

a) Erstelle die zum linken Baumdiagramm gehörende Vierfeldertafel. 4

b) Ergänze die fehlenden Wahrscheinlichkeiten im rechten Baumdiagramm. Erläutere jeweils dein Vorgehen. 4

Hinweise und Tipps

1
- Forme die im Logarithmus stehende Potenz jeweils so um, dass ihre Basis mit der Basis des Logarithmus übereinstimmt.
- Beachte, dass $\log_a a = 1$.

2
- Verwende den Taschenrechner für die Erstellung einer Wertetabelle.
- Zeichne für Aufgabe b die Gerade $y = 0{,}2$ in das Koordinatensystem von Teilaufgabe a ein.
- Löse für c die Gleichung $10^{-1{,}04x} = 0{,}2$ durch beidseitiges Logarithmieren.
- Der Ansatz für d lautet: $\frac{I(x + 15\,\text{cm})}{I(x)} = \frac{1}{2}$
- Löse die sich daraus ergebende Gleichung nach k auf.
- Verwende die Rechenregeln für Logarithmen (siehe Merkhilfe).

3
- Die Substitution führt auf eine quadratische Gleichung, die 2 Lösungen besitzt.
- Nur eine der beiden Gleichungen, die bei der Resubstitution entstehen, hat eine Lösung.

4
- Es genügt, dem linken Baumdiagramm die Wahrscheinlichkeiten $P(F)$, $P(R)$ und $P(R \cap F)$ zu entnehmen.
- Die übrigen Werte kannst du mithilfe der Wahrscheinlichkeit des Gegenereignisses berechnen.
- Die Wahrscheinlichkeiten der von R und $\overline{R}$ ausgehenden Teilpfade für das rechte Baumdiagramm kannst du mithilfe der Definition der bedingten Wahrscheinlichkeit (siehe Merkhilfe) berechnen.

Lösung

1 a) 5 Minuten, /

$\log_{\sqrt{3}} 3^{-1,5} = \log_{\sqrt{3}}(\sqrt{3}^2)^{-1,5}$	$3=\sqrt{3}^2$	1
$= \log_{\sqrt{3}} \sqrt{3}^{-3}$	Potenzgesetz (Merkhilfe): $(a^n)^m = a^{nm}$; $2\cdot(-1,5)=-3$	0,5
$= -3\log_{\sqrt{3}} \sqrt{3}$	Rechenregeln für Logarithmen (Merkhilfe)	1
$= -3\cdot 1 = -3$	$\log_a a = 1$	0,5

b) 5 Minuten, /

$\log_{\frac{1}{3}} \sqrt{3} = \log_{\frac{1}{3}} 3^{\frac{1}{2}}$	$\sqrt{3}=3^{\frac{1}{2}}$	1
$= \log_{\frac{1}{3}} \left(\frac{1}{3}\right)^{-\frac{1}{2}}$	Potenzgesetz: $a^{-1}=\frac{1}{a}$	1
$= -\frac{1}{2}\log_{\frac{1}{3}} \frac{1}{3}$	Rechenregeln für Logarithmen (Merkhilfe)	0,5
$= -\frac{1}{2}\cdot 1 = -\frac{1}{2}$	$\log_a a = 1$	0,5

2 a) 7 Minuten, /

Wertetabelle:

x	0,0	0,1	0,2	0,3	0,4	0,5	0,6	0,7	0,8	0,9	1,0
y	1,00	0,79	0,62	0,49	0,38	0,30	0,24	0,19	0,15	0,12	0,09

2

Zeichnung: siehe nächste Seite 2

b) 1 Minute,

Die gesuchte Lösung ist die x-Koordinate des Schnittpunkts S der Geraden $y = 0,2$ mit der Exponentialkurve aus Teilaufgabe a, also etwa 0,68. 1

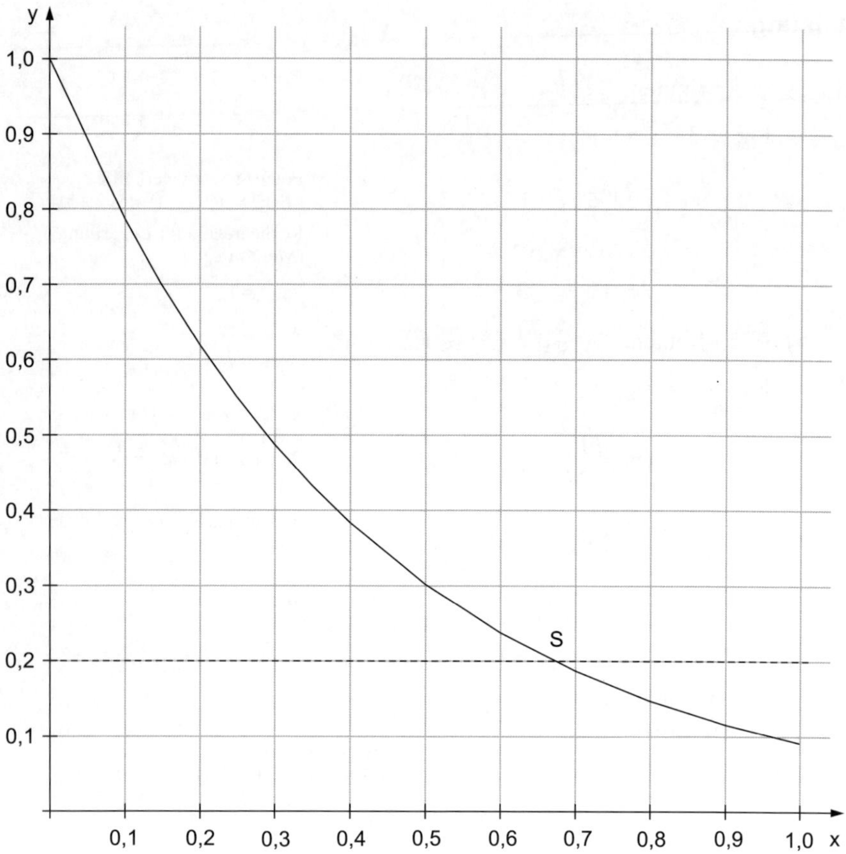

c) 🕓 4 Minuten,

$10^{-1,04x} = 0,2$		0,5
$\log_{10}(10^{-1,04x}) = \log_{10} 0,2$	auf beiden Seiten logarithmieren	0,5
$-1,04x \cdot \log_{10} 10 = \log_{10} 0,2$	Rechenregeln für Logarithmen (Merkhilfe)	0,5
$-1,04x = \log_{10} 0,2$	$\log_a a = 1$	0,5
$x = \frac{\log_{10} 0,2}{-1,04}$	auf beiden Seiten durch –1,04 dividieren	0,5
$x = 0,672$	Taschenrechner	0,5

Dieses Ergebnis ist in guter Übereinstimmung mit der grafisch bestimmten Lösung 0,68.

d) 5 Minuten,

$\frac{I(x+0{,}15\text{ m})}{I(x)}=\frac{1}{2}$	Ausgehend von der Tiefe x ist die Intensität 0,15 m tiefer nur noch halb so groß.	1
$\frac{I_0\cdot 10^{-k(x+0{,}15\text{ m})}}{I_0\cdot 10^{-kx}}=\frac{1}{2}$	Einsetzen in den Funktionsterm	0,5
$\frac{10^{-kx-0{,}15\text{ m}\cdot k}}{10^{-kx}}=\frac{1}{2}$	mit I_0 kürzen	
$10^{-0{,}15\text{ m}\cdot k}=\frac{1}{2}$	Potenzgesetz (Merkhilfe)	0,5
$\log_{10}10^{-0{,}15\text{ m}\cdot k}=\log_{10}0{,}5$	auf beiden Seiten logarithmieren	0,5
$-0{,}15\text{ m}\cdot k\cdot\log_{10}10=\log_{10}0{,}5$	Rechenregeln für Logarithmen (Merkhilfe)	0,5
$-0{,}15\text{ m}\cdot k\cdot 1=\log_{10}0{,}5$	$\log_a a=1$	0,5
$k=\frac{\log_{10}0{,}5}{-0{,}15\text{ m}}$	auf beiden Seiten durch $-0{,}15$ m dividieren	
$k=2\,\frac{1}{\text{m}}$	Taschenrechner	0,5

3 6 Minuten,

$9^x=3^x+2$

Mit $z=3^x$ gilt: $z^2=(3^x)^2$		
$=3^{2x}$	Potenzgesetz (Merkhilfe)	
$=(3^2)^x=9^x$		0,5

Daher lautet die Gleichung nach der Substitution:

$z^2=z+2$		0,5
$z^2-z-2=0$		
$z_{1,2}=\frac{-(-1)\pm\sqrt{(-1)^2-4\cdot 1\cdot(-2)}}{2\cdot 1}$	Lösungsformel für quadratische Gleichungen (Merkhilfe)	0,5
$=\frac{1\pm 3}{2}$		
$\Rightarrow\ z_1=-1$ und $z_2=2$		0,5

Resubstitution:

(1) $3^x=-1$ diese Gleichung besitzt keine Lösung		0,5

(2) $3^x = 2$ 0,5

$3^x = 2$		
$\log_{10} 3^x = \log_{10} 2$	auf beiden Seiten logarithmieren	0,5
$x \cdot \log_{10} 3 = \log_{10} 2$	Rechenregeln für Logarithmen (Merkhilfe)	
$x = \dfrac{\log_{10} 2}{\log_{10} 3} = 0{,}631$	auf beiden Seiten durch $\log_{10} 3$ dividieren	0,5

Die ursprüngliche Gleichung besitzt nur die Lösung $x = 0{,}631$.

4 a) 6 Minuten, /

Dem Baumdiagramm kann man folgende Wahrscheinlichkeiten entnehmen:

$P(F) = 0{,}2$	direkt ablesen	0,5
$P(R) = 0{,}2 \cdot 0{,}1 + 0{,}8 \cdot 0{,}4 = 0{,}34$	1. und 2. Pfadregel	0,5
$P(R \cap F) = 0{,}2 \cdot 0{,}1 = 0{,}02$	1. Pfadregel	0,5

Diese Wahrscheinlichkeiten sind in der Vierfeldertafel rechts in den hellgrauen Feldern eingetragen.
Mithilfe der Wahrscheinlichkeit des Gegenereignisses findet man die in den dunkelgrauen Feldern eingetragenen Wahrscheinlichkeiten:

	R	$\overline{R}$	
F	0,02	0,18	0,2
$\overline{F}$	0,32	0,48	0,8
	0,34	0,66	1

$P(\overline{F}) = 1 - P(F) = 1 - 0{,}2 = 0{,}8$ 0,5

$P(\overline{R}) = 1 - P(R) = 1 - 0{,}34 = 0{,}66$ 0,5

Mithilfe der Wahrscheinlichkeit des Gegenereignisses findet man auch die restlichen Wahrscheinlichkeiten für die weißen Felder:

$P(F \cap \overline{R}) = 0{,}20 - 0{,}02 = 0{,}18$ 0,5

$P(\overline{F} \cap R) = 0{,}34 - 0{,}02 = 0{,}32$ 0,5

$P(\overline{F} \cap \overline{R}) = 0{,}66 - 0{,}18 = 0{,}48$ 0,5

b) 6 Minuten, /

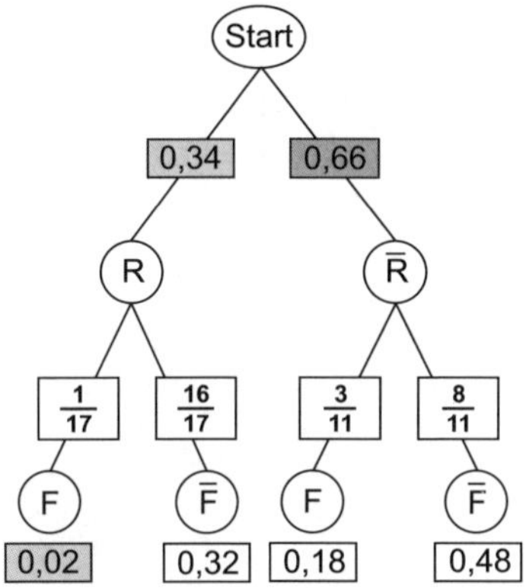

1

Erläuterung:
In die weißen, hell- und dunkelgrau getönten Felder können die numerischen Werte der entsprechend gefärbten Felder der Vierfeldertafel eingesetzt werden. 1
Die fett gedruckten Werte erhält man mithilfe der Definition der bedingten Wahrscheinlichkeit (vgl. Merkhilfe) bzw. über die Wahrscheinlichkeit des Gegenereignisses:

$$P_R(F) = \frac{P(R \cap F)}{P(R)} = \frac{0,02}{0,34} = \frac{2}{34} = \frac{1}{17}$$ 0,5

$$P_R(\overline{F}) = 1 - P_R(F) = 1 - \frac{1}{17} = \frac{16}{17}$$ 0,5

$$P_{\overline{R}}(F) = \frac{P(\overline{R} \cap F)}{P(\overline{R})} = \frac{0,18}{0,66} = \frac{18}{66} = \frac{3}{11}$$ 0,5

$$P_{\overline{R}}(\overline{F}) = 1 - P_{\overline{R}}(F) = 1 - \frac{3}{11} = \frac{8}{11}$$ 0,5

Klassenarbeit 11

BE

1 Zwischen der scheinbaren Helligkeit m, der absoluten Helligkeit M und der Entfernung r eines Sterns besteht der Zusammenhang
$m - M = -5 + 5\log_{10} r$
(Entfernungsmodul);
r wird dabei in parsec gemessen.
Wega ist der Hauptstern im Sternbild Leier. Wie viele Lichtjahre (ly) ist Wega entfernt, wenn $m_{Wega} = 0{,}03$ und $M_{Wega} = 0{,}58$ und 1 Lichtjahr 0,3066 parsec sind?

Sternbild Leier 3

2 Zeige, dass für jede positive, reelle Zahl a gilt:
$\log_{\sqrt{a}} a^2 \cdot \log_{a^2} \sqrt{a} = 1$ 4

Hinweis: Rechne dazu mithilfe der Basistransformationsformel (Merkhilfe) alle Logarithmen auf die Basis a um.

3 Gegeben ist die reelle Funktion $f\colon x \mapsto (\sqrt{2})^{-x} - 4;\ \mathbb{D}_f = \mathbb{R}$.

a) Berechne die Schnittpunkte des Graphen von f mit den Koordinatenachsen. 3

b) Zeichne den Graphen von f im Intervall [−4; 4]. Berechne hierfür beginnend bei −4 in einer Schrittweite von 0,5 die Funktionswerte von f. (Wähle als Längeneinheit auf beiden Achsen 1 cm.) 4

c) Berechne x_0, wenn $P\left(x_0 \,\middle|\, \sqrt[3]{\frac{1}{2}} \cdot \sqrt{2} - 4\right)$ auf dem Graphen von f liegt. 3

d) Spiegelt man den Graphen von f an der Winkelhalbierenden des 1. und 3. Quadranten, so erhält man den Graphen der Funktion g. Gib ohne Rechnung die Nullstelle von g an. 1

4 16 % der in einem Waldgebiet vorkommenden Zecken sind mit Borrelien infiziert. Ein einfacher Schnelltest fällt bei 92 % der infizierten und 10 % der nicht infizierten Zecken positiv aus.
Ein positives Testergebnis bedeutet dabei, dass eine Borrelieninfektion angezeigt wird, unabhängig davon, ob die Infektion tatsächlich vorliegt oder nicht.

a) Lege eine Vierfeldertafel an für die Ereignisse
+: Das Testergebnis ist positiv.
B: Zecke ist mit Borrelien infiziert.
Trage für eine Gesamtzahl von 10 000 Zecken die entsprechenden Anzahlen in die Felder ein und erläutere dein Vorgehen. 4

b) Wie groß ist die Wahrscheinlichkeit dafür, dass eine Zecke tatsächlich nicht mit Borrelien infiziert ist, wenn der Test an ihr negativ ausfällt? 3

c) Mit welcher Wahrscheinlichkeit ist eine Zecke mit Borrelien infiziert, wenn der Test an ihr positiv ausfällt? 3

d) Mit welcher Wahrscheinlichkeit arbeitet der Test fehlerhaft? 2

Hinweise und Tipps

1 • Löse zunächst nach $\log_{10} r$ auf.
- Delogarithmiere anschließend.

2 Ein Logarithmusterm hat den Wert 4, der andere den Wert $\frac{1}{4}$.

3 • 0 ist die x-Koordinate des Schnittpunkts mit der y-Achse.
- Die x-Koordinate des Schnittpunkts mit der x-Achse (Nullstelle) ist die Lösung der Gleichung $f(x) = 0$.
- Eine Möglichkeit, die Gleichung $f(x) = 0$ zu lösen, besteht darin, auf Potenzen mit gleicher Basis umzurechnen und die Exponenten zu vergleichen.
- Verwende für b den Taschenrechner, um eine Wertetabelle zu erstellen.
- Damit der Punkt P auf dem Graphen von f liegt, muss $f(x_0) = \sqrt[3]{\frac{1}{2} \cdot \sqrt{2}} - 4$ gelten.
- Löse die Gleichung, indem du auf Potenzen mit gleicher Basis umrechnest und die Exponenten vergleichst.
- Betrachte für d den Schnittpunkt des Graphen von f mit der y-Achse.

4 • Beginne mit der Berechnung von $|B|$.
- Berechne dann 92 % von $|B|$.
- Verwende für Aufgabe b und c die bedingte Wahrscheinlichkeit (siehe Merkhilfe).
- Betrachte für Aufgabe d die Ereignisse $B \cap -$ und $\overline{B} \cap +$.

Lösung

1 4 Minuten,

$m - M = -5 + 5\log_{10} r$		
$m - M + 5 = 5\log_{10} r$	auf beiden Seiten 5 addieren	
$\frac{m - M + 5}{5} = \log_{10} r$	auf beiden Seiten durch 5 dividieren	0,5
$r = 10^{\frac{m - M + 5}{5}}$	auf beiden Seiten delogarithmieren	0,5
$r = 10^{\frac{0{,}03 - 0{,}58 + 5}{5}}\,\text{pc}$	numerische Werte einsetzen	0,5
$= 10^{0{,}89} = 7{,}76\,\text{pc}$	Taschenrechner	0,5
$= \frac{7{,}76}{0{,}3066}\,\text{ly} = 25{,}31\,\text{ly}$	$0{,}3066\,\text{pc} = 1\,\text{ly}$ $1\,\text{pc} = \frac{1}{0{,}3066}\,\text{ly}$ $7{,}76\,\text{pc} = \frac{7{,}76}{0{,}3066}\,\text{ly}$	1

2 6 Minuten,

Behauptung: $\log_{\sqrt{a}} a^2 \cdot \log_{a^2} \sqrt{a} = 1$

Beweis:

$x = \log_{\sqrt{a}} a^2 = \frac{\log_a a^2}{\log_a \sqrt{a}}$	Basistransformationsformel (Merkhilfe)	0,5
$= \frac{2\log_a a}{\frac{1}{2}\log_a a}$	Rechenregeln für Logarithmen (Merkhilfe); $\sqrt{a} = a^{\frac{1}{2}}$	0,5
$= \frac{2}{\frac{1}{2}} = 4$	$\log_a a = 1$	0,5
$y = \log_{a^2} \sqrt{a} = \frac{\log_a \sqrt{a}}{\log_a a^2}$	Basistransformationsformel (Merkhilfe)	0,5
$= \frac{\frac{1}{2}\log_a a}{2\log_a a}$	Rechenregeln für Logarithmen (Merkhilfe); $\sqrt{a} = a^{\frac{1}{2}}$	0,5
$= \frac{\frac{1}{2}}{2} = \frac{1}{4}$	$\log_a a = 1$	0,5
Aus $x \cdot y = 4 \cdot \frac{1}{4} = 1$ folgt die Behauptung.		1

3 a) 4 Minuten,

Schnitt mit der x-Achse: $f(x) = 0$

$(\sqrt{2})^{-x} - 4 = 0$

$(\sqrt{2})^{-x} = 4$ — auf beiden Seiten 4 addieren

$(2^{\frac{1}{2}})^{-x} = 2^2$ — auf gemeinsame Basis 2 umformen — 0,5

$2^{\frac{-x}{2}} = 2^2$ — Potenzgesetz (Merkhilfe) — 0,5

$\frac{-x}{2} = 2$ — Exponentenvergleich — 0,5

$x = -4$ — auf beiden Seiten mit –2 multiplizieren

$\Rightarrow$ Nullstelle (–4 | 0) — 0,5

Schnittpunkt mit der y-Achse: (0 | f(0)) = (0 | –3) — 1

b) 6 Minuten, /

x	−4	−3,5	−3,0	−2,5	−2,0	−1,5	−1,0	−0,5
f(x)	0,00	−0,64	−1,17	−1,62	−2,00	−2,32	−2,59	−2,81

2

x	0,0	0,5	1,0	1,5	2,0	2,5	3,0	3,5	4,0
f(x)	−3,00	−3,16	−3,29	−3,41	−3,50	−3,58	−3,65	−3,70	−3,75

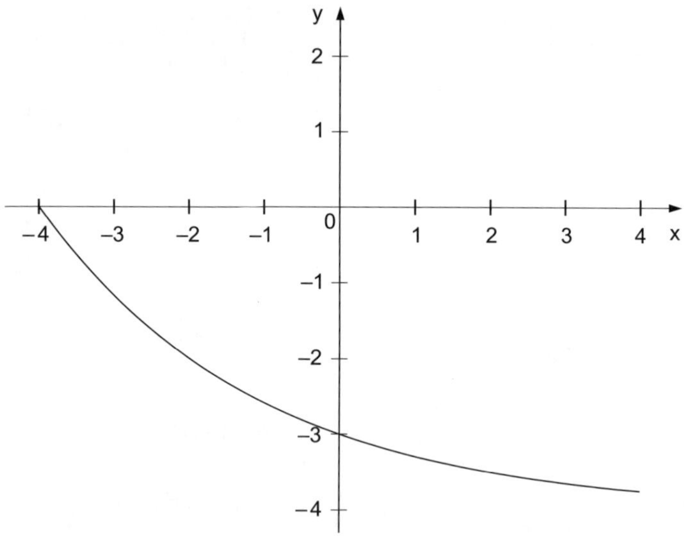

2

c) 5 Minuten,

$f(x_0) = \sqrt[3]{\frac{1}{2} \cdot \sqrt{2}} - 4$		
$(\sqrt{2})^{-x_0} - 4 = \sqrt[3]{\frac{1}{2} \cdot \sqrt{2}} - 4$		0,5
$(\sqrt{2})^{-x_0} = \sqrt[3]{\frac{1}{2} \cdot \sqrt{2}}$	auf beiden Seiten 4 addieren	
$(2^{\frac{1}{2}})^{-x_0} = (2^{-1} \cdot 2^{\frac{1}{2}})^{\frac{1}{3}}$	auf gemeinsame Basis 2 umrechnen	1
$2^{\frac{-x_0}{2}} = (2^{-\frac{1}{2}})^{\frac{1}{3}}$	Potenzgesetze (Merkhilfe)	0,5
$2^{\frac{-x_0}{2}} = 2^{-\frac{1}{6}}$		
$\frac{-x_0}{2} = -\frac{1}{6}$	Exponentenvergleich	0,5
$x_0 = \frac{1}{3}$	auf beiden Seiten mit –2 multiplizieren	0,5

d) 2 Minuten,

Bei Spiegelung an der Geraden $y = x$ wird der Punkt $(0|-3)$ abgebildet auf den Punkt $(-3|0)$.
Daher besitzt g bei $x = -3$ eine Nullstelle. 1

4 a) 7 Minuten, /

	+	–	
B	1 472 Schritt 3	128 Schritt 4	1 600 Schritt 1
$\overline{B}$	840 Schritt 5	7 560 Schritt 6	8 400 Schritt 2
	2 312 Schritt 7	7 688 Schritt 8	10 000

2

Erläuterungen:
Schritt 1: 16 % von 10 000 sind 1 600 0,5
Schritt 2: 10 000 – 1 600 = 8 400
Schritt 3: 92 % von 1 600 sind 1 472 0,5
Schritt 4: 1 600 – 1 472 = 128

Schritt 5: 10 % von 8 400 sind 840 0,5
Schritt 6: $8\,400 - 840 = 7\,560$
Schritt 7: $1\,472 + 840 = 2\,312$ 0,5
Schritt 8: $128 + 7\,560 = 7\,688$

b) 4 Minuten, /
Bedingung: Test ist negativ; Ereignis: Zecke ist nicht infiziert. 1

$$P_-(\overline{B}) = \frac{P(- \cap \overline{B})}{P(-)}$$ bedingte Wahrscheinlichkeit (Merkhilfe) 1

Wenn man für die Wahrscheinlichkeit die relative Häufigkeit verwendet, folgt aus der Vierfeldertafel:

$$P(- \cap \overline{B}) = \frac{7\,560}{10\,000} = 0{,}7560 \quad \text{und} \quad P(-) = \frac{7\,688}{10\,000} = 0{,}7688$$

$$\Rightarrow \quad P_-(\overline{B}) = \frac{0{,}7560}{0{,}7688} = 0{,}9834$$ 1

c) 4 Minuten, /
Bedingung: Test ist positiv, Ereignis: Zecke ist infiziert. 1

$$P_+(B) = \frac{P(+ \cap B)}{P(+)}$$ bedingte Wahrscheinlichkeit (Merkhilfe) 1

Wenn man für die Wahrscheinlichkeit die relative Häufigkeit verwendet, folgt aus der Vierfeldertafel:

$$P(+ \cap B) = \frac{1\,472}{10\,000} = 0{,}1472 \quad \text{und} \quad P(+) = \frac{2\,312}{10\,000} = 0{,}2312$$

$$\Rightarrow \quad P_+(B) = \frac{0{,}1472}{0{,}2312} = 0{,}6367$$ 1

d) 3 Minuten, /
Der Test liefert ein falsches Ergebnis, wenn er bei

- einer infizierten Zecke negativ ausfällt. Das trifft bei 128 von 10 000 Zecken zu. 0,5
- einer nicht infizierten Zecke positiv ausfällt. Das trifft bei 840 von 10 000 Zecken zu. 0,5

Insgesamt arbeitet der Test also bei 968 von 10 000 Zecken fehlerhaft. 0,5

$P(\text{„Test arbeitet fehlerhaft“}) = \frac{968}{10\,000} = 0{,}0968 = 9{,}68\,\%$ 0,5

Klassenarbeit 12

BE

1 Bibel und Koran sprechen ein Zinsverbot aus:
„Du sollst deinem Bruder keinen Zins auferlegen, Zins für Geld, Zins für Speise, Zins für irgendeine Sache, die man gegen Zins ausleiht. …“ (5. Mose 23, 20–21)
„Ihr Gläubigen! Nehmt nicht Zins, indem ihr in mehrfachen Beträgen wiedernehmt, was ihr ausgeliehen habt!“ (Sure 3, Vers 130)
Nimm für die mathematische Begründung dieses Zinsverbots an, dass Pharao Sethos aus Freude über die Geburt seines Sohnes Ramses II. im Jahr 1303 v. Chr. ein Gramm Gold auf einem Konto zu einem festen jährlichen Zinssatz von 3 % so anlegen hätte können, dass nach Ablauf eines jeden Jahres die aufgelaufenen Zinsen in Gold zugeschlagen und weiterverzinst worden wären.

a) Wie viel Gold hätte sich bis zu Ramses' Todesjahr (1213 v. Chr.) und bis zum Jahr 2009 angesammelt? 4

b) 2009 wurden die Weltgoldvorräte auf 153 000 t geschätzt. In welchem Jahr hätte Sethos' Goldkonto diese Masse erstmals überschritten? 3

c) Wie viel Gold befände sich auf Sethos' Goldkonto in dem in Teilaufgabe b berechneten Jahr, wenn die Zinsen nicht weiterverzinst worden wären? 3

d) 19,32 g Gold nehmen ein Volumen von 1 cm^3 ein. Welchen Radius besitzt eine Goldkugel aus der im Jahr 2009 angesammelten Goldmenge aus Teilaufgabe a? Vergleiche diesen Radius mit der Entfernung unserer Erde von der Sonne. Das sind 150 Mio. km. 5

2 Berechne durch Logarithmieren die Lösungsmenge der Gleichung
$5{,}2^{3x} \cdot 4{,}9^{4{,}5x} = 10$ über der Grundmenge $G = \mathbb{R}$. 4

3 Ermittle grafisch die Lösungsmenge der Gleichung $2^x = 4 \cdot x$. 6
Skalierung auf der x-Achse: 1 cm $\hat{=}$ 1 LE; auf der y-Achse: 1 cm $\hat{=}$ 5 LE

4 Mit der **Randomized-Response-Technik** kann man Befragten auch peinliche Wahrheiten entlocken.
Um z. B. festzustellen, wie hoch der Anteil deutscher Steuerflüchtlinge in Liechtenstein ist, werden hinreichend vielen Deutschen folgende Fragen vorgelegt:
1. Frage: Essen Sie gerne Fisch?
2. Frage: Lieben Sie Rosen?
3. Frage: Haben Sie unversteuertes Vermögen in Liechtenstein?
Der Befragte wirft einen normalen Laplace-Würfel. Erscheinen die Zahlen 1 oder 2, so beantwortet er die erste Frage, bei 3 und 4 die zweite Frage und bei 5 und 6 die dritte Frage **wahrheitsgemäß** mit Ja oder Nein. Der Fragende weiß nicht, welche der drei Fragen der Befragte beantwortet hat. Er erhält nur die Antwort ja oder nein.
Berechne den Anteil der Steuerflüchtlinge, wenn 28 % der Befragten mit Ja geantwortet haben und repräsentative Vorabumfragen einen Anteil von 26 % Fisch- und 48 % Rosenliebhabern in der deutschen Bevölkerung ergeben haben. 5

Hinweise und Tipps

1
- Bestimme die Parameter a und b einer Wachstumsfunktion $f(t) = a \cdot b^t$; f(t) in Gramm; t in Jahren.
- Setze für Aufgabe b f(t) = 153 000 t. Achte darauf, dass f(t) in Gramm gerechnet wird.
- Bei Aufgabe c bleiben die Jahreszinsen gleich und werden addiert.
- Das Goldvolumen lässt sich mit einem Dreisatz berechnen.
- Den Kugelradius kannst du aus dem Volumen berechnen. Die Formel für das Kugelvolumen findest du in der Merkhilfe.

2
- Wende die Rechenregeln für Logarithmen an, die du in der Merkhilfe findest.
- Beachte, dass $\log_a a = 1$.

3
- Die Gleichung besitzt 2 Lösungen.
- Platzbedarf nach rechts und nach oben jeweils 5 cm.

4
- Zeichne zunächst ein Baumdiagramm für ein zweistufiges Zufallsexperiment.
- 1. Stufe: Augenzahl beim Würfeln
- 2. Stufe: Fischliebhaber, Rosenliebhaber, Steuerflüchtling
- Bezeichne die Wahrscheinlichkeit für Steuerflüchtling in der 2. Stufe mit x.

Lösung

1 a) 7 Minuten,

Die Goldmenge f(t) in Gramm nach t Jahren lässt sich mithilfe der Funktion $f(t) = 1{,}03^t$ berechnen.

	allgemeine Wachstumsfunktion $f(t) = a \cdot b^t$; $f(0) = 1$ und $f(1) = 1{,}03$ $\Rightarrow$ $a = 1$; $b = 1{,}03$	2

$$f(90) = 1{,}03^{90} = 14{,}30$$

	Lebenszeit von Ramses II.: 90 Jahre	1

Bis zu Ramses' Todesjahr hätten sich 14,3 g Gold angesammelt.

$$f(3\,312) = 1{,}03^{3\,312} = 3{,}29 \cdot 10^{42}$$

	$1\,303 + 2\,009 = 3\,312$	1

2009 wäre Sethos' Goldeinlage auf $3{,}3 \cdot 10^{36}$ Tonnen angewachsen.

b) 5 Minuten,

Rechnung	Bemerkung	Punkte
$1{,}03^t = 1{,}53 \cdot 10^{11}$	$153\,000\ t = 153\,000 \cdot 10^6\ g = 1{,}53 \cdot 10^{11}\ g$	1
$\log_{10} 1{,}03^t = \log_{10}(1{,}53 \cdot 10^{11})$	auf beiden Seiten logarithmieren	0,5
$t \cdot \log_{10} 1{,}03 = \log_{10}(1{,}53 \cdot 10^{11})$	Rechenregeln für Logarithmen (Merkhilfe)	0,5
$t = \dfrac{\log_{10}(1{,}53 \cdot 10^{11})}{\log_{10} 1{,}03}$	auf beiden Seiten durch $\log_{10} 1{,}03$ dividieren	0,5
$t = 871{,}27$		

Spätestens 872 Jahre nach seiner Geburt, also im Jahre 431 v. Chr., hätte die auf Ramses' II. Konto vorhandene Goldmenge die heutigen Weltgoldvorräte überschritten. 0,5

c) 5 Minuten,

Jedes Jahr wären dem Konto bei 3 % Zinsen 0,03 g Gold hinzugefügt worden. 1

Das sind in 872 Jahren $0{,}03\ g \cdot 872 = 26{,}16\ g$. 1

Zusammen mit der Einlage befänden sich also im Jahr 431 v. Chr. ca. 27,2 Gramm Gold auf dem Konto. 1

d) 7 Minuten,

Berechnung des Goldvolumens mittels Dreisatz:

19,32 g Gold nehmen ein Volumen von 1 cm^3 ein.

1 g Gold nimmt ein Volumen von $\frac{1}{19{,}32}$ cm^3 ein.

$3{,}29 \cdot 10^{42}$ g Gold nehmen ein Volumen von $\frac{3{,}29 \cdot 10^{42}}{19{,}32}$ cm^3 ein. 2

$$\frac{3{,}29 \cdot 10^{42}}{19{,}32}\ cm^3 = 1{,}70 \cdot 10^{41}\ cm^3 = 1{,}70 \cdot 10^{35}\ m^3$$

Berechnung des Kugelradius:

$\frac{4}{3}\cdot r^3\cdot \pi = 1{,}70\cdot 10^{35}\ \text{m}^3$	Formel für Kugelvolumen (siehe Merkhilfe)	0,5
$r^3 = \frac{1{,}70\cdot 10^{35}\cdot 3}{4\cdot \pi}\ \text{m}^3$	auf beiden Seiten mit 3 multiplizieren und durch 4 und π dividieren	0,5
$r = \sqrt[3]{\frac{1{,}70\cdot 10^{35}\cdot 3}{4\cdot \pi}}\ \text{m}$	auf beiden Seiten mit $\frac{1}{3}$ potenzieren	1
$r = 3{,}44\cdot 10^{11}\ \text{m} > 2\cdot 1{,}50\cdot 10^{11}\ \text{m}$	$150\cdot 10^6\ \text{km} = 1{,}50\cdot 10^8\ \text{km}$ $= 1{,}50\cdot 10^{11}\ \text{m}$	

Der Radius der Goldkugel wäre also mehr als doppelt so groß wie die Entfernung der Erde von der Sonne. 1

Anmerkung: Befände sich unsere Sonne im Kugelmittelpunkt, so befänden sich die Planeten Merkur, Venus, Erde, Mars und fast alle Asteroiden des Asteroidengürtels innerhalb dieser Kugel.

2 5 Minuten,

$5{,}2^{3x}\cdot 4{,}9^{4{,}5x} = 10$		
$\log_{10}(5{,}2^{3x}\cdot 4{,}9^{4{,}5x}) = \log_{10} 10$	auf beiden Seiten logarithmieren	0,5
$\log_{10} 5{,}2^{3x} + \log_{10} 4{,}9^{4{,}5x} = \log_{10} 10$	Rechenregeln für Logarithmen (Merkhilfe)	1
$3x\cdot \log_{10} 5{,}2 + 4{,}5x\cdot \log_{10} 4{,}9 = 1$	Rechenregeln für Logarithmen (Merkhilfe); $\log_a a = 1$	1
$x\cdot (3\log_{10} 5{,}2 + 4{,}5\log 4{,}9) = 1$	x ausklammern	0,5
$\Rightarrow\quad x = \frac{1}{3\log_{10} 5{,}2 + 4{,}5\log_{10} 4{,}9} = 0{,}19$	auf beiden Seiten durch $3\log_{10} 5{,}2 + 4{,}5\log 4{,}9$ dividieren; Taschenrechner	1

3 8 Minuten, /

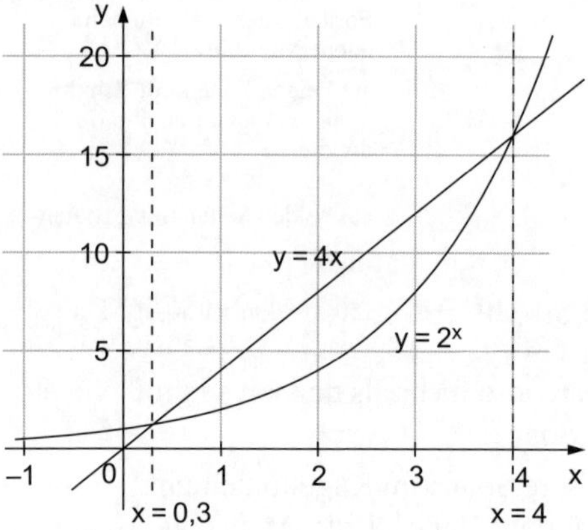

Die Exponentialkurve wird von der Geraden in den Punkten (0,3 | ?) und (4 | ?) geschnitten. 6

Die Lösungen lauten $x_1 = 0{,}3$ und $x_2 = 4$.

4 8 Minuten,

Baumdiagramm:

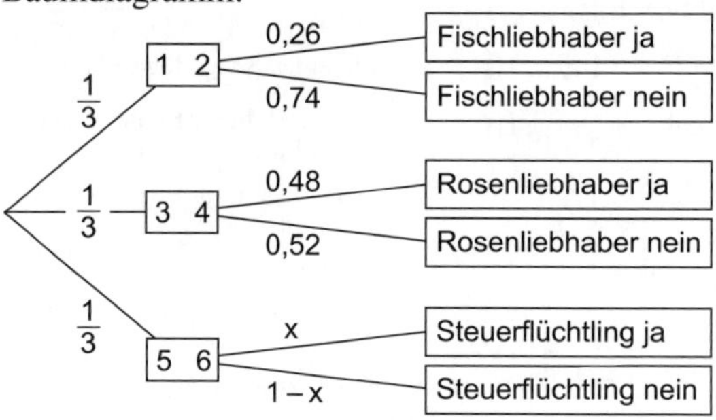

1

$P(\text{„Ja“}) = \frac{1}{3} \cdot 0{,}26 + \frac{1}{3} \cdot 0{,}48 + \frac{1}{3} \cdot x$ nach 1. und 2. Pfadregel 1

$P(\text{„Ja“}) = 0{,}28$ nach Aufgabentext 1

$\frac{1}{3} \cdot 0{,}26 + \frac{1}{3} \cdot 0{,}48 + \frac{1}{3} \cdot x = 0{,}28$ Gleichsetzen 1

$0{,}26 + 0{,}48 + x = 0{,}28 \cdot 3$ auf beiden Seiten mit 3 multiplizieren 0,5

$0{,}74 + x = 0{,}84$ Zusammenfassen

$x = 0{,}84 - 0{,}74 = 0{,}10$ auf beiden Seiten 0,74 subtrahieren 0,5

Der Anteil der deutschen Steuerflüchtlinge beträgt 10 %.

Klassenarbeit 13

BE

1 Die real nicht existierende, für diese Aufgabe erdachte Seerose *Nymphaea perdiemduplicans* wächst so stark, dass sich die von ihren Blättern bedeckte Wasseroberfläche innerhalb eines Tages verdoppelt.
Peter sucht sich für seinen 10 m^2 großen Gartenteich eine Nymphaea perdiemduplicans aus. Der Verkäufer weist ihn darauf hin, dass dieses Exemplar in genau 10 Tagen Peters Teich vollständig zugewachsen haben wird.

a) Gib ohne Rechnung an, nach wie vielen Tagen Peters Teich halb zugewachsen ist. 1

b) Peter entschließt sich, ein kleineres Exemplar zu kaufen, das 100 Tage für das Zuwachsen des Teichs benötigt. Gib ohne Rechnung an, welche Fläche diese Pflanze am letzten der 100 Tage zuwächst. 1

c) Welche Fläche bedeckt die kleinere Pflanze am Ende des 1. Tages? Vergleiche dein Ergebnis mit der Querschnittsfläche eines Wasserstoffatoms, dessen Atomradius den Wert $r = 5{,}3 \cdot 10^{-11}$ m hat. 4

2 Es seien $a = \log_3 2$ und $b = \log_3 5$.
Drücke mithilfe von a und b folgende Logarithmuswerte aus:

a) $\log_3 20$ 2

b) $\log_3 0{,}4$ 2

c) $\log_3 90$ 2

3 Versuche zeigen, dass zwischen der Geschwindigkeit v und der Reichweite R von Alphateilchen in Luft der Temperatur 18,3 °C der Zusammenhang
$\log_{10} R = -23{,}0173 + 3\log_{10} v$
besteht, wenn man R in m und v in $\frac{m}{s}$ angibt.

a) Zeige, dass $R = 9{,}61 \cdot 10^{-24} \cdot v^3$. 2

b) Welche Geschwindigkeit besitzen Alphateilchen der Reichweite 3,74 cm? 2

4 Eine Fabrik stellt rote, blaue, gelbe und schwarze Büroklammern her.
15 % aller fabrizierten Büroklammern sind rot, 20 % blau, 25 % gelb und 40 % schwarz.
2 % der roten, 1 % der blauen, 3 % der gelben und 1,5 % der schwarzen Klammern sind fehlerhaft.

a) Zeichne ein Baumdiagramm. 2

b) Mit welcher Wahrscheinlichkeit ist eine Klammer fehlerhaft? 2

c) Mit welcher Wahrscheinlichkeit ist eine fehlerhafte Klammer rot? 2

5 Die Abbildung zeigt einen Teil des zur Funktion $f(x) = a \cdot b^x + 4$ gehörenden Graphen.

a) Bestimme die numerischen Werte für die Parameter a und b. 5

b) Berechne die einzige Nullstelle von f. 3

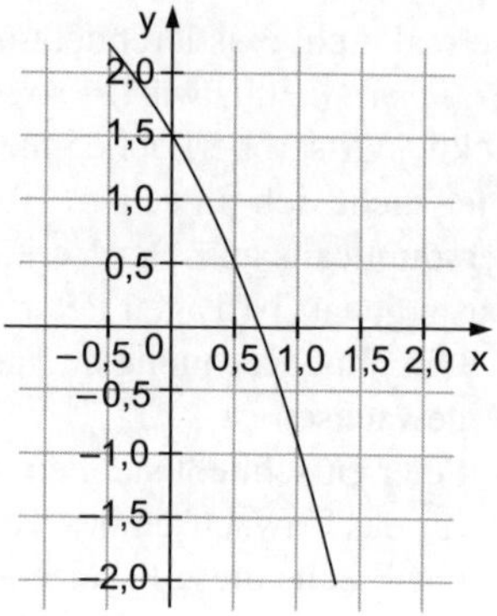

Hinweise und Tipps

1
- An einem Tag X überwächst die Pflanze genauso viel Fläche wie an **allen** dem Tag X vorangegangenen Tagen zusammen.
- Bestimme für Aufgabe c zunächst die Parameter a und b einer Wachstumsfunktion der Form $f(t) = a \cdot b^t$.

2
- Stelle 20 bzw. 90 als Produkt ihrer Primfaktoren dar.
- Beachte, dass $0,4 = \frac{2}{5}$.
- Verwende dann jeweils geeignete Rechenregeln für Logarithmen (siehe Merkhilfe).
- Beachte, dass $\log_a a = 1$.

3
- Delogarithmiere auf beiden Seiten der gegebenen Gleichung.
- Wende anschließend Potenzgesetze und Rechenregeln für Logarithmen an.
- Löse für Aufgabe b die Gleichung aus Teil a nach v auf.
- Vergiss nicht, 3,74 cm vor dem Einsetzen in m umzuwandeln.

4
- Es liegt ein zweistufiges Zufallsexperiment vor.
- Bestimme bei Aufgabe c eine bedingte Wahrscheinlichkeit (Merkhilfe).

5
- Die Punkte $(0 \mid 1,5)$ und $(0,5 \mid 0,5)$ liegen auf dem Funktionsgraphen.
- Bedingung für Nullstelle: $f(x) = 0$

Lösung

1 a) 2 Minuten,

Weil die Pflanze nach 10 Tagen die gesamte Teichfläche bedeckt und sich die überwachsene Fläche innerhalb eines Tages verdoppelt, muss sie am 9. Tag genau die Hälfte des Teichs bedecken. 1

b) 2 Minuten,

Die Pflanze wächst am letzten Tag die (bis dahin noch freie) Hälfte der Teichfläche, also 5 m^2, zu. 1

c) 4 Minuten,

Die nach t Tagen überwachsene Fläche lässt sich mithilfe einer Funktion der Form $f(t) = a \cdot b^t$ darstellen; f(t) in m^2; t in Tagen. 0,5

Bestimmung von b:

(1) $f(100) = a \cdot b^{100} = 10$ (2) $f(99) = a \cdot b^{99} = 5$	Einsetzen in Wachstumsfunktion und Aufgabentext	0,5
$\Rightarrow \frac{ab^{100}}{ab^{99}} = \frac{10}{5}$	(1) : (2)	
$b = 2$	a kürzen, $b^{100} : b^{99} = b$	0,5

Bestimmung von a:

$a \cdot 2^{100} = 10$	b = 2 in (1) einsetzen	
$a = \frac{10}{2^{100}} = 7,9 \cdot 10^{-30}$	auf beiden Seiten durch 2^{100} dividieren	0,5
Die Wachstumsfunktion lautet daher: $f(t) = 7,9 \cdot 10^{-30} \cdot 2^t$	numerische Werte für a und b einsetzen	

Bestimmung von f(1):

$f(1) = 7,9 \cdot 10^{-30} \cdot 2^1 = 1,6 \cdot 10^{-29}$ 1

Nach dem 1. Tag würde die Pflanze $1,6 \cdot 10^{-29}\ m^2$ bedecken.

Querschnittsfläche des Wasserstoffatoms:

$r^2 \cdot \pi = (5,3 \cdot 10^{-11}\ m)^2 \cdot \pi = 8,8 \cdot 10^{-21}\ m^2$ 0,5

$8,8 \cdot 10^{-21}\ m^2 : 1,6 \cdot 10^{-29}\ m^2 = 550$ Mio 0,5

Die Querschnittsfläche des Wasserstoffatoms wäre 550 Millionen Mal größer als die Pflanzenfläche.

2 a) 3 Minuten,

$\log_3 20 = \log_3(2^2 \cdot 5)$	$2^2 \cdot 5 = 20$	0,5
$= \log_3 2^2 + \log_3 5$	Rechenregeln für Logarithmen (Merkhilfe)	0,5
$= 2 \cdot \log_3 2 + \log_3 5$		0,5
$= 2a + b$	Aufgabentext	0,5

b) 3 Minuten,

$\log_3 0,4 = \log_3 \frac{2}{5}$	$0,4 = \frac{4}{10} = \frac{2}{5}$	1
$= \log_3 2 - \log_3 5$	Rechenregeln für Logarithmen (Merkhilfe)	0,5
$= a - b$	Aufgabentext	0,5

c) 3 Minuten,

$\log_3 90 = \log_3(3^2 \cdot 2 \cdot 5)$	$90 = 9 \cdot 2 \cdot 5 = 3^2 \cdot 2 \cdot 5$	0,5
$= \log_3 3^2 + \log_3 2 + \log_3 5$	Rechenregeln für Logarithmen (Merkhilfe)	0,5
$= 2 \cdot \log_3 3 + \log_3 2 + \log_3 5$		0,5
$= 2 + a + b$	$\log_3 3 = 1$	0,5

3 a) 4 Minuten,

$\log_{10} R = -23,0173 + 3\log_{10} v$		
$\log_{10} R = -23,0173 + \log_{10} v^3$	Rechenregeln für Logarithmen (Merkhilfe)	0,5
$10^{\log_{10} R} = 10^{-23,0173 + \log_{10} v^3}$	auf beiden Seiten delogarithmieren	
$10^{\log_{10} R} = 10^{-23,0173} \cdot 10^{\log_{10} v^3}$	Potenzgesetz	0,5
$R = 10^{-23,0173} \cdot v^3 = 9,61 \cdot 10^{-24} \cdot v^3$	Definition des Logarithmus	1

b) 4 Minuten, /

$R = 9,61 \cdot 10^{-24} \cdot v^3$	Teilaufgabe a	
$v^3 = \frac{R}{9,61 \cdot 10^{-24}}$	auf beiden Seiten durch $9,61 \cdot 10^{-24}$ dividieren	0,5
$v = \sqrt[3]{\frac{R}{9,61 \cdot 10^{-24}}}$	auf beiden Seiten mit $\frac{1}{3}$ potenzieren	0,5
$v = \sqrt[3]{\frac{0,0374}{9,61 \cdot 10^{-24}}} = 1,57 \cdot 10^7$	Zahlenwert einsetzen; 3,74 cm = 0,0374 m	1

Die Geschwindigkeit der Alphateilchen beträgt $1,57 \cdot 10^7 \,\frac{m}{s}$.

4 a) 4 Minuten,

D steht für „Klammer ist defekt".
R, B, G, S stehen für „Klammer ist rot bzw. blau bzw. gelb bzw. schwarz".

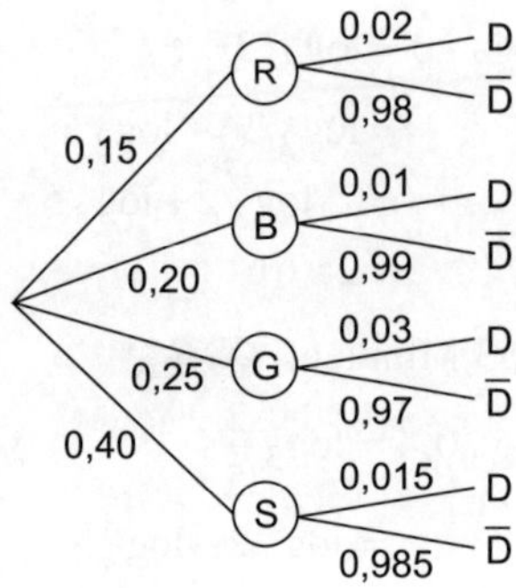

2

b) 3 Minuten,

Nach der 1. und 2. Pfadregel gilt:

$P(D) = 0,40 \cdot 0,015 + 0,25 \cdot 0,03 + 0,20 \cdot 0,01 + 0,15 \cdot 0,02 = 0,0185$ 2

1,85 % aller Büroklammern sind defekt.

c) 4 Minuten,

Bedingung: Klammer ist defekt; Ereignis: Klammer ist rot.

$P_D(R) = \dfrac{P(D \cap R)}{P(D)}$	bedingte Wahrscheinlichkeit (siehe Merkhilfe)	0,5
$= \dfrac{0,15 \cdot 0,02}{0,0185} = 0,162$	Baumdiagramm, Teilaufgabe b	1,5

5 a) 5 Minuten,

$a \cdot b^0 + 4 = 1,5$	Der Punkt (0 | 1,5) liegt auf dem Funktionsgraphen.	1
$a + 4 = 1,5$	$b^0 = 1$	0,5
$a = 1,5 - 4 = -2,5$	auf beiden Seiten 4 subtrahieren	0,5
$f(x) = -2,5 \cdot b^x + 4$	a = –2,5 einsetzen	
$-2,5 \cdot b^{0,5} + 4 = 0,5$	Der Punkt (0,5 | 0,5) liegt auf dem Funktionsgraphen.	1
$-2,5 \cdot b^{0,5} = -3,5$	auf beiden Seiten 4 subtrahieren	0,5
$b^{0,5} = \dfrac{-3,5}{-2,5} = 1,4$	auf beiden Seiten durch –2,5 dividieren	0,5
$b = 1,4^2 = 1,96$	auf beiden Seiten quadrieren	0,5
$f(x) = -2,5 \cdot 1,96^x + 4$	b = 1,96 einsetzen	0,5

b) 4 Minuten,

$f(x) = 0$	Bedingung für Nullstelle	
$-2{,}5 \cdot 1{,}96^x + 4 = 0$	Teilaufgabe a	0,5
$-2{,}5 \cdot 1{,}96^x = -4$	auf beiden Seiten 4 subtrahieren	0,5
$1{,}96^x = \dfrac{-4}{-2{,}5} = 1{,}6$	auf beiden Seiten durch –2,5 dividieren	0,5
$\log_{10} 1{,}96^x = \log_{10} 1{,}6$	auf beiden Seiten logarithmieren	0,5
$x \log_{10} 1{,}96^x = \log_{10} 1{,}6$	Rechenregeln für Logarithmen (Merkhilfe)	0,5
$x = \dfrac{\log_{10} 1{,}6}{\log_{10} 1{,}96} = 0{,}698$	auf beiden Seiten durch $\log_{10} 1{,}96$ dividieren	0,5

Klassenarbeiten zum Themenbereich 3

- Graphen ganzrationaler Funktionen
- Vertiefen der Funktionenlehre

Klassenarbeit 14

BE

1 Bestimme durch Rechnung das Symmetrieverhalten folgender Funktionen:

a) $f(x) = 4x^3 - 2x$ 2

b) $g(x) = x^8 - 2x^2 - 4$ 2

c) $h(x) = \dfrac{x}{x^2 + 1}$ 2

2 Gegeben ist die ganzrationale Funktion $f(x) = x^3 + 2x^2 - x - 2$.

a) f besitzt nur ganzzahlige Nullstellen. Finde diese durch geschicktes Raten. 2

b) Wie verhält sich f(x) im Unendlichen? 2

c) Bestimme die Intervalle, in denen f(x) positive bzw. negative Funktionswerte hat. 3

d) Wie lauten die Koordinaten des Punktes S, in dem der Funktionsgraph die y-Achse schneidet? 1

e) Skizziere unter Verwendung der bisherigen Ergebnisse den ungefähren Verlauf des Funktionsgraphen. 3

3 Welcher der folgenden Funktionsterme gehört zu dem gezeichneten Funktionsgraphen? Begründe deine Antwort. 5

$f(x) = (x+2)^3(x-1)^2$

$g(x) = (x-2)\,(x-1)^2$

$h(x) = (x+2)\,(x-1)^3$

$j(x) = (x+2)^3(x+1)^2$

$k(x) = (x-2)^3(x+1)^2$

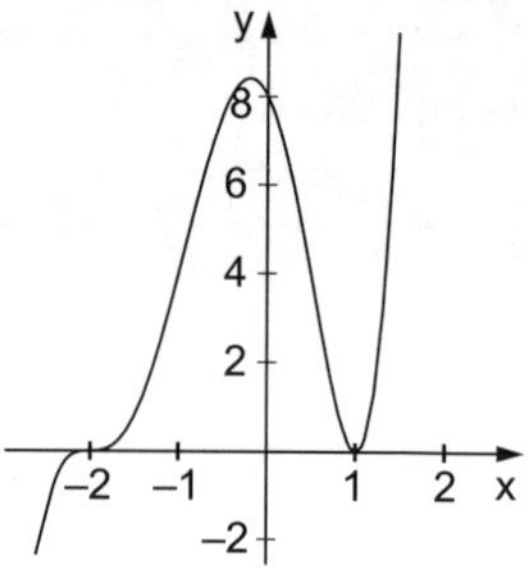

4 Gegeben ist die reelle Funktion $f(x) = \dfrac{3+x}{x}$; $x \in \mathbb{R} \setminus \{0\}$.

a) Wie verhält sich diese Funktion im Unendlichen? 1

b) Wie lautet die Gleichung der horizontalen Asymptote? 1

c) Ab welchem positiven x unterscheiden sich die Funktionswerte um weniger als 0,001 von 1? 3

d) Durch welche Streckung/Stauchung, Spiegelung und Verschiebung entsteht der Graph von f aus dem Graphen der Funktion $x \mapsto \frac{1}{x}$? 2

e) Wie lautet die Wertemenge von f? 1

Hinweise und Tipps

1
- Ersetze in den Funktionstermen jeweils x durch –x und vereinfache die Funktionsterme.
- Wie lauten die Kriterien für Achsen- bzw. Punktsymmetrie?

2
- Die ganzzahligen Nullstellen sind Teiler des konstanten Glieds.
- Nur ein Summand bestimmt das Verhalten eines Polynoms im Unendlichen.
- Beachte für Aufgabe c, dass sich der Funktionsterm als Produkt von Linearfaktoren schreiben lässt.
- Bestimme zunächst für jeden Linearfaktor die Intervalle, in denen er positiv bzw. negativ ist.
- Der in Aufgabe d gesuchte Punkt hat die x-Koordinate 0.
- Trage in das Koordinatensystem die Schnittpunkte des Graphen mit den Koordinatenachsen ein.
- Streiche die Felder ab, in denen der Graph nach Aufgabe c nicht verläuft.

3 Achte auf Lage und Art der Nullstellen des Graphen.

4
- Forme den Term mithilfe des Distributivgesetzes der Division um.
- Die Gleichung einer parallel zur x-Achse im Abstand a $(a > 0)$ verlaufenden Geraden lautet: $y = a$
- Löse für Aufgabe c die Ungleichung $f(x) - 1 < 0{,}001$ nach x auf.
- f(x) lässt sich auch schreiben als: $f(x) = 3 \cdot \frac{1}{x} + 1$
- Gehe von der Wertemenge der Funktion $x \mapsto \frac{1}{x}$ aus und verwende die Ergebnisse aus Teilaufgabe d.

Lösung

1 a) 2 Minuten, /

Für ein beliebiges reelles x gilt:

$f(-x)=4(-x)^3-2(-x)$	im Funktionsterm x durch –x ersetzen	0,5
$=-4x^3+2x$	Zusammenfassen	0,5
$=-(4x^3-2x)=-f(x)$	–1 ausklammern	0,5
f ist punktsymmetrisch bezüglich des Koordinatenursprungs.	Kriterium für Punktsymmetrie: $f(-x)=-f(x)$	0,5

b) 2 Minuten, /

Für ein beliebiges reelles x gilt:

$g(-x)=(-x)^8-2(-x)^2-4$	im Funktionsterm x durch –x ersetzen	0,5
$=x^8-2x^2-4=g(x)$	Zusammenfassen	0,5
g ist achsensymmetrisch bezüglich der y-Achse.	Kriterium für Achsensymmetrie: $f(-x)=f(x)$	1

c) 2 Minuten,

Für ein beliebiges reelles x gilt:

$h(-x)=\frac{-x}{(-x)^2+1}$	im Funktionsterm x durch –x ersetzen	0,5
$=-\frac{x}{x^2+1}=-h(x)$	Zusammenfassen	0,5
h ist punktsymmetrisch bezüglich des Koordinatenursprungs.	Kriterium für Punktsymmetrie: $f(-x)=-f(x)$	1

2 a) 5 Minuten, /

Da die ganzrationale Funktion $f(x)=x^3+2x^2-x-2$ ganzzahlige Koeffizienten besitzt, teilen ganzzahlige Nullstellen das konstante Glied –2.

Mögliche ganzzahlige Nullstellen sind daher: –2, –1, 1, 2 — 0,5

Überprüfung:

$f(-2) = (-2)^3 + 2 \cdot (-2)^2 - (-2) - 2$
$= -8 + 8 + 2 - 2 = 0$

im Funktionsterm x durch –2 bzw. –1 bzw. 1 bzw. 2 ersetzen und zusammenfassen 1

$f(-1) = (-1)^3 + 2 \cdot (-1)^2 - (-1) - 2$
$= -1 + 2 + 1 - 2 = 0$

$f(1) = 1^3 + 2 \cdot 1^2 - 1 - 2 = 1 + 2 - 1 - 2 = 0$

$f(2) = 2^3 + 2 \cdot 2^2 - 2 - 2 = 12 \neq 0$

Die Nullstellen lauten: –2, –1, 1 0,5

Weitere Nullstellen gibt es nicht, weil ein Polynom dritten Grades höchstens 3 Nullstellen besitzt.

b) 4 Minuten,

$\lim_{x \to +\infty} f(x) = \lim_{x \to +\infty} (x^3 + 2x^2 - x - 2)$

$= \lim_{x \to +\infty} (x^3)$

Das Verhalten eines Polynoms im Unendlichen hängt nur von dem Summanden ab, dessen x-Potenz den größten Exponenten hat. 0,5

$= +\infty$

Die Potenzfunktion $x \mapsto x^3$ strebt für $x \to +\infty$ gegen $+\infty$. 0,5

$\lim_{x \to -\infty} f(x) = \lim_{x \to -\infty} (x^3 + 2x^2 - x - 2)$

$= \lim_{x \to -\infty} (x^3)$

$= -\infty$

Die Potenzfunktion $x \mapsto x^3$ strebt für $x \to -\infty$ gegen $-\infty$. 1

c) 5 Minuten, /

Da f(x) ein normiertes Polynom dritten Grades mit den Nullstellen –2, –1, 1 ist, kann der Funktionsterm als Produkt geschrieben werden:

$f(x) = x^3 + 2x^2 - x - 2 = (x+2)(x+1)(x-1)$

		−2	−1	0	1
x+2	−	+	+	+	+
x+1	−	−	+	+	+
x−1	−	−	−	−	+
f(x)	−	+	−	−	+

Aus $x + 2 \lesseqgtr 0 \Leftrightarrow x \lesseqgtr -2$, $x + 1 \lesseqgtr 0 \Leftrightarrow x \lesseqgtr -1$ und $x - 1 \lesseqgtr 0 \Leftrightarrow x \lesseqgtr 1$ erhält man zunächst die Vorzeichen der Linearfaktoren. Das Produkt einer geraden (ungeraden) Anzahl von negativen Linearfaktoren ist positiv (negativ). 0,5 0,5 0,5 0,5

f(x) ist positiv für x aus $]-2; -1[\cup]1; +\infty[$; 1
f(x) ist negativ für x aus $]-\infty; -2[\cup]-1; +1[$.

d) 1 Minute,

Wegen $f(0) = -2$ gilt: $S(0\,|\,-2)$

Der Graph einer Funktion f(x) schneidet die y-Achse im Punkt $(0\,|\,f(0))$. 1

e) 5 Minuten,

- Nullstellen 1
- Schnittpunkt mit y-Achse 1
- Verhalten im Unendlichen 1
- Vorzeichenverteilung (in den grauen Feldern verläuft der Graph von f nicht)

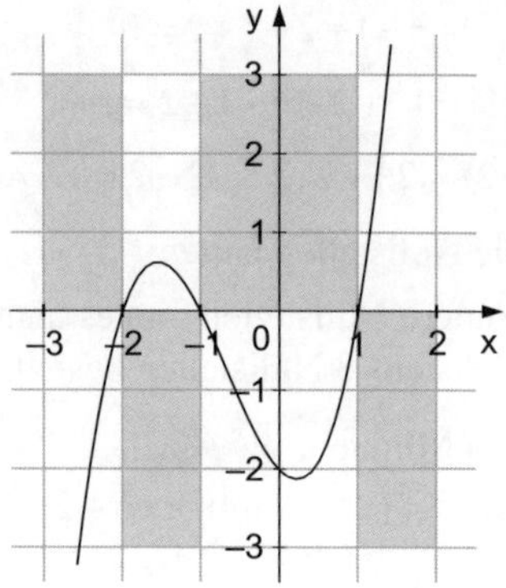

3 5 Minuten,

Da der Graph bei –2 und 1 Nullstellen besitzt, scheiden g(x), j(x) und k(x) aus, denn: 3

- g(x) besitzt wegen $g(-2) = -4 \cdot (-3)^2 = -36 \neq 0$ keine Nullstelle bei –2.
- j(x) und k(x) besitzen wegen $j(1) = 3^3 \cdot 2^2 = 108 \neq 0$ bzw. $k(1) = (-1)^3 \cdot 2^2 = -4 \neq 0$ keine Nullstelle bei 1.

Da der Graph bei –2 eine Nullstelle ungerader Ordnung und bei 1 eine Nullstelle gerader Ordnung besitzt, scheidet h aus. h(x) besitzt nämlich bei 1 eine Nullstelle 3., also ungerader Ordnung. 1

Bleibt nur noch f(x): f besitzt bei –2 wie der Graph eine Nullstelle 3., also ungerader Ordnung, und bei 1 eine Nullstelle 2., also gerader Ordnung. 1

4 a) 3 Minuten,

$$\lim_{x \to \pm\infty} \frac{3+x}{x} = \lim_{x \to \pm\infty} \left(\frac{3}{x} + 1\right)$$

$$= 1$$

Distributivgesetz: $\frac{a+b}{c} = \frac{a}{c} + \frac{b}{c}$

Alle Funktionen der Form $x \to \frac{a}{x^n}$ streben für $x \to +\infty$ oder $x \to -\infty$ gegen 0. 1

b) 1 Minute,

Gleichung der horizontalen Asymptote: $y = 1$ 1

c) 4 Minuten,

$f(x)-1<0{,}001 \quad \text{mit } x>0$		0,5
$f(x)<1{,}001$	auf beiden Seiten 1 addieren	0,5
$\frac{3+x}{x}<1{,}001$		
$3+x<1{,}001\cdot x$	auf beiden Seiten mit x multiplizieren; da x positiv ist, ändert sich das Ungleichungszeichen nicht.	0,5
$3<0{,}001\cdot x$	auf beiden Seiten x subtrahieren	0,5
$\frac{3}{0{,}001}<x$	auf beiden Seiten durch 0,001 dividieren; da 0,001 positiv ist, ändert sich das Ungleichungszeichen nicht.	0,5
$x>3\,000$	$\frac{3}{0{,}001}=3\,000$	

Für alle x, die größer als 3 000 sind, unterscheiden sich die Funktionswerte um weniger als 0,001 von 1. 0,5

d) 4 Minuten, /

- Der Graph der Funktion $x \mapsto \frac{1}{x}$ wird um den Faktor 3 parallel zur y-Achse gestreckt $\left(\frac{1}{x} \text{ wird zu } \frac{3}{x}\right)$. 1
- Der gestreckte Graph wird um eine Längeneinheit parallel zur y-Achse nach oben verschoben $\left(\frac{3}{x} \text{ wird zu } \frac{3}{x}+1=\frac{3+x}{x}\right)$. 1

e) 2 Minuten,

Da die Potenzfunktion $x \mapsto \frac{1}{x}$ die Wertemenge $\mathbb{R}\setminus\{0\}$ besitzt, hat die Funktion $f(x)=\frac{3+x}{x}$ nach Teilaufgabe d die Wertemenge $\mathbb{R}\setminus\{1\}$. 1

Klassenarbeit 15

BE

1 Eine ganzrationale Funktion f(x) dritten Grades hat bei 4 eine doppelte und bei –2 eine einfache Nullstelle. Ihr Graph schneidet die y-Achse im Punkt $(0|8)$.

a) Stelle den Funktionsterm in Produktform auf. 2

b) Bestimme die Intervalle, in denen der Graph von f(x) über bzw. unter der x-Achse verläuft. 2

c) Skizziere den Funktionsgraphen unter Verwendung der Ergebnisse aus den Teilaufgaben a und b. 4

2 Ermittle die Lösungsmenge folgender Gleichungen über der Grundmenge $\mathbb{R}$ mit der in Klammern angegebenen Methode.

a) $x^3 + x^2 - 2x - 2 = 0$ (Ausklammern) 4

b) $x^3 - 2x + 1 = 0$ (Erraten einer Lösung und Polynomdivision) 6

3 Berechne folgende Grenzwerte.

a) $\lim\limits_{x \to +\infty} \frac{2+x}{4x^2-3}$ 2

b) $\lim\limits_{x \to -\infty} (x^7 - x^5 + x)$ 1

c) $\lim\limits_{x \to +\infty} \frac{\sqrt{2x-1}}{x+1}$ 3

4 Die gezeichneten Funktionsgraphen sind durch Spiegelungen an den Koordinatenachsen und/oder Verschiebungen aus den Graphen der Funktionen $f(x) = x^4$, $g(x) = x^3$, $h(x) = x^5$ entstanden.
Gib die zugehörigen Funktionsterme an und begründe deine Entscheidung. 6

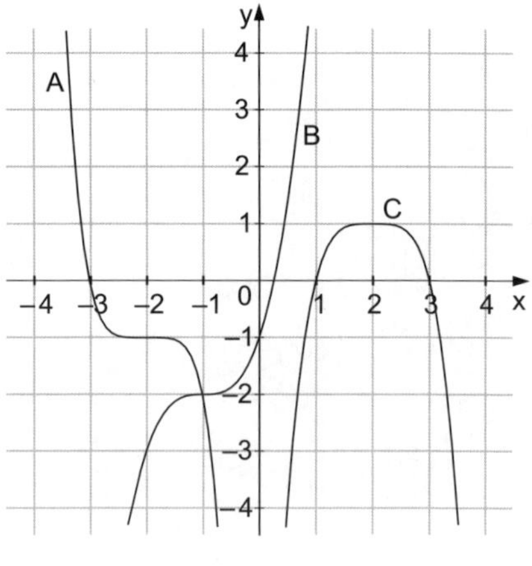

Hinweise und Tipps

1
- Der Funktionsterm lässt sich als Produkt von Linearfaktoren darstellen.
- Diese Linearfaktorzerlegung ist nicht normiert.
- Beachte bei b, dass Quadrate nie negativ sind.
- Trage für die Zeichnung zunächst die Nullstellen und den Schnittpunkt mit der y-Achse ein.
- Streiche mithilfe des Ergebnisses aus Teilaufgabe b die Felder ab, in denen der Graph nicht verläuft.

2
- Klammere bei a aus den beiden ersten Summanden x^2 und aus den beiden letzten Summanden –2 aus.
- Klammere dann den gemeinsamen Faktor aus.
- Ein Produkt ist genau dann 0, wenn mindestens ein Faktor 0 ist.
- Ganzzahlige Lösungen der Gleichung in Aufgabe b sind Teiler des konstanten Glieds.
- Eine Polynomdivision durch den zugehörigen Linearfaktor führt auf eine quadratische Gleichung.
- Denke an die in der Merkhilfe aufgeführte Lösungsformel.

3
- Dividiere bei a Zähler und Nenner mit der höchsten im Nenner vorkommenden Potenz von x.
- Denke daran, wie sich Hyperbelfunktionen $x \mapsto \frac{1}{x^n}$ im Unendlichen verhalten.
- Genau ein Summand bestimmt, wie sich Polynomfunktionen im Unendlichen verhalten.
- Ziehe bei Aufgabe c den Nenner unter die Wurzel.
- Verfahre dann wie in Aufgabe a.

4
- Wie beeinflusst ein ungerader, natürlicher Exponent den Verlauf eines Potenzfunktionsgraphen durch seine Nullstelle?
- Spiegelt man Potenzfunktionen mit ungeradem Exponenten an der x-Achse, so erhält man denselben Graphen wie bei Spiegelung an der y-Achse.

Lösung

1 a) 3 Minuten,

$f(x) = a \cdot (x-4)^2 \cdot (x+2)$ — Da 4 eine doppelte und –2 eine einfache Nullstelle ist, treten in der Produktdarstellung des Funktionsterms die Faktoren $(x-4)^2$ und $(x+2)$ auf. 1

Berechnung des Faktors a:

$f(0) = 8$ — Der Punkt (0 | 8) liegt auf dem Funktionsgraphen. 0,5

$a(0-4)^2(0+2) = 8$ — Einsetzen in den Funktionsterm

$32a = 8$ — Ausmultiplizieren

$a = \frac{8}{32} = \frac{1}{4} = 0{,}25$ — auf beiden Seiten durch 32 dividieren

Ergebnis: $f(x) = 0{,}25 \cdot (x-4)^2 \cdot (x+2)$ 0,5

b) 2 Minuten,

Da 0,25 und $(x-4)^2$ nicht negativ werden, hängt das Vorzeichen von f(x) nur vom Faktor $x+2$ ab. Dieser ist für $x > -2$ positiv und für $x < -2$ negativ.

Daher verläuft der Graph der Funktion f im Intervall $]-\infty; -2[$ nicht über und im Intervall $]-2; \infty[$ nicht unter der x-Achse. 2

c) 6 Minuten /

- Nullstellen 1
- Schnitt mit y-Achse 1
- abgestrichene Felder 1
- Graph 1

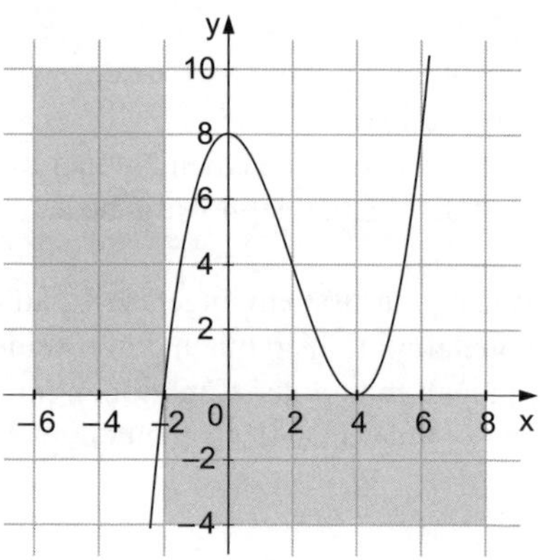

2 a) 5 Minuten, /

$x^3 + x^2 - 2x - 2 = 0$		
$x^2(x+1) - 2(x+1) = 0$	partielles Ausklammern	1
$(x^2 - 2)(x+1) = 0$	(x + 1) ausklammern	1
(1) $x^2 - 2 = 0$ bzw. (2) $x + 1 = 0$	Ein Produkt ist genau dann 0, wenn mindestens ein Faktor 0 ist.	0,5
(1) $x^2 = 2$	auf beiden Seiten 2 addieren	
$\Rightarrow\ x_1 = \sqrt{2};\ x_2 = -\sqrt{2}$	auf beiden Seiten radizieren	0,5
(2) $x_3 = -1$	auf beiden Seiten 1 subtrahieren	0,5
Lösungsmenge: $\mathbb{L} = \{-\sqrt{2}; -1; \sqrt{2}\}$		0,5

b) 7 Minuten,

$x^3 - 2x + 1 = 0$ mögliche ganzzahlige Nullstellen: –1; +1	Mögliche ganzzahlige Lösungen sind die Teiler von 1.	1
1 einsetzen: $1^3 - 2 \cdot 1 + 1 = 1 - 2 + 1 = 0 \Rightarrow$ 1 ist Lösung.		0,5
–1 einsetzen: $(-1)^3 - 2(-1) + 1 = -1 + 2 + 1 = 2 \Rightarrow$ –1 ist keine Lösung.		0,5

$$\begin{array}{l}
(x^3 - 2x + 1) : (x - 1) = x^2 + x - 1 \\
\underline{-(x^3 - x^2)} \\
\quad x^2 - 2x \\
\quad \underline{-(x^2 - x)} \\
\qquad -x + 1 \\
\qquad \underline{-(-x + 1)} \\
\qquad\quad -
\end{array}$$

Da 1 Lösung ist, ist das Polynom $x^3 - 2x + 1$ durch $(x - 1)$ ohne Rest teilbar. 2

Lösen der Gleichung $x^2 + x - 1 = 0$:

$x_{1,2} = \dfrac{-1 \pm \sqrt{1^2 - 4 \cdot 1 \cdot (-1)}}{2}$	Lösungsformel für quadratische Gleichungen (Merkhilfe)	1
$x_{1,2} = \dfrac{-1 \pm \sqrt{5}}{2}$	unter der Wurzel zusammenfassen	0,5

Lösungsmenge der ursprünglichen Gleichung:

$$\mathbb{L} = \left\{ \frac{-1 - \sqrt{5}}{2}; \frac{-1 + \sqrt{5}}{2}; 1 \right\}$$ 0,5

3 a) 4 Minuten,

$$\lim_{x \to +\infty} \frac{2+x}{4x^2-3} = \lim_{x \to +\infty} \frac{\frac{2}{x^2}+\frac{x}{x^2}}{\frac{4x^2}{x^2}-\frac{3}{x^2}}$$

durch die höchste im Nenner vorkommende Potenz von x, das ist x^2, dividieren — 0,5

$$= \lim_{x \to +\infty} \frac{\frac{2}{x^2}+\frac{1}{x}}{4-\frac{3}{x^2}}$$

Kürzen — 0,5

$$= \frac{0+0}{4-0} = 0$$

Für beliebige natürliche bzw. reelle Zahlen n bzw. a gilt: $\lim\limits_{x \to +\infty} \frac{a}{x^n} = 0$ — 1

b) 2 Minuten, /

$$\lim_{x \to -\infty} (x^7 - x^5 + x) = \lim_{x \to -\infty} (x^7)$$

Das Verhalten eines Polynoms im Unendlichen hängt nur von dem Summanden ab, dessen x-Potenz den größten Exponenten hat. — 0,5

$$= -\infty$$

Für jede ungerade natürliche Zahl n gilt: $\lim\limits_{x \to -\infty} x^n = -\infty$ — 0,5

c) 5 Minuten, /

$$\lim_{x \to +\infty} \frac{\sqrt{2x-1}}{x+1} = \lim_{x \to +\infty} \sqrt{\frac{2x-1}{(x+1)^2}}$$

unter die Wurzel ziehen — 0,5

$$= \lim_{x \to +\infty} \sqrt{\frac{2x-1}{x^2+2x+1}}$$

binomische Formel — 0,5

$$= \lim_{x \to +\infty} \sqrt{\frac{\frac{2x}{x^2}-\frac{1}{x^2}}{\frac{x^2}{x^2}+\frac{2x}{x^2}+\frac{1}{x^2}}}$$

im Zähler und Nenner durch x^2 dividieren — 0,5

$$= \lim_{x \to +\infty} \sqrt{\frac{\frac{2}{x}-\frac{1}{x^2}}{1+\frac{2}{x}+\frac{1}{x^2}}}$$

Kürzen — 0,5

$$= \lim_{x \to +\infty} \sqrt{\frac{0-0}{1+0+0}} = \sqrt{\frac{0}{1}} = 0$$

Für beliebige natürliche bzw. reelle Zahlen n bzw. a gilt: $\lim\limits_{x \to +\infty} \frac{a}{x^n} = 0$ — 1

4 11 Minuten,

Behauptung:

Zum Graph A gehört der Funktionsterm $\mathbf{a(x) = -(x+2)^5 - 1}$. 1

Begründung:

Ausgangsfunktion ist $h(x) = x^5$. Die ebenfalls mögliche Funktion $g(x) = x^3$ scheidet aus, weil h(x) bzw. g(x) im Ursprung eine Nullstelle 5. bzw. 3. Ordnung besitzt und h dort flacher als g verlaufen muss.

Der Graph von h wird

- an der x-Achse gespiegelt (Funktionsterm wird zu $-x^5$),
- dann um 2 Längeneinheiten parallel zur x-Achse nach links verschoben (Funktionsterm wird zu $-(x+2)^5$) und
- dann um 1 Längeneinheit parallel zur y-Achse nach unten verschoben (Funktionsterm wird zu $-(x+2)^5 - 1$). 1

Behauptung:

Zum Graph B gehört der Funktionsterm $\mathbf{b(x) = (x+1)^3 - 2}$. 1

Begründung:

Ausgangsfunktion ist $g(x) = x^3$. Die ebenfalls mögliche Funktion $h(x) = x^5$ scheidet aus, weil sie an ihrer Nullstelle zu flach verläuft.

Der Graph von g wird

- um 1 Längeneinheit parallel zur x-Achse nach links verschoben (Funktionsterm wird zu $(x+1)^3$) und
- dann um 2 Längeneinheiten parallel zur y-Achse nach unten verschoben (Funktionsterm wird zu $(x+1)^3 - 2$). 1

Behauptung:

Zum Graph C gehört der Funktionsterm $\mathbf{c(x) = -(x-2)^4 + 1}$. 1

Begründung:

Ausgangsfunktion ist $f(x) = x^4$. Der Graph von f wird

- an der x-Achse gespiegelt (Funktionsterm wird zu $-x^4$),
- dann um 2 Längeneinheiten parallel zur x-Achse nach rechts verschoben (Funktionsterm wird zu $-(x-2)^4$) und
- dann um 1 Längeneinheit parallel zur y-Achse nach oben verschoben (Funktionsterm wird zu $-(x-2)^4 + 1$). 1

Klassenarbeit 16

BE

1 Gib jeweils den Term f(x) einer auf $\mathbb{R}$ definierten Funktion so an, dass gilt:

a) $\lim\limits_{x \to +\infty} f(x) = +\infty$ und $\lim\limits_{x \to -\infty} f(x) = -\infty$ 1

b) $\lim\limits_{x \to +\infty} f(x) = +\infty$ und $\lim\limits_{x \to -\infty} f(x) = 0$ 1

c) $\lim\limits_{x \to +\infty} f(x) = +\infty$ und $\lim\limits_{x \to -\infty} f(x) = 2$ 2

d) $\lim\limits_{x \to +\infty} f(x) = 0$ und $\lim\limits_{x \to -\infty} f(x) = 0$ 2

2 Betrachtet werden die ganzrationalen Funktionen $f(x) = -x^3$ und $g(x) = (x-1)^3$.

a) Wie entstehen deren Graphen aus dem Graph der Funktion $h(x) = x^3$? 2

b) Zeichne die Graphen von f und g. 2

c) Wie viele und welche Lösungen vermutest du aufgrund deiner Zeichnung für die Gleichung $(x-1)^3 + x^3 = 0$?
Zeige durch Rechnung, dass die von dir vermuteten Lösungen tatsächlich auch Lösungen sind. 2

3 Bestimme die maximalen Definitionsmengen folgender Funktionen und überprüfe rechnerisch ihr Symmetrieverhalten.

a) $f(x) = \dfrac{\sin x}{x}$ 3

b) $f(x) = \dfrac{x^2 - 2}{x + x^3}$ 4

4 Die Skizze zeigt den Graphen G_f der Funktion $f(x) = 2^x$ und drei weitere Graphen, die dadurch entstanden sind, dass man G_f zunächst an einer Koordinatenachse gespiegelt und dann parallel zur x-Achse um eine Längeneinheit verschoben hat oder umgekehrt. Gib die zugehörigen Funktionsterme an und begründe deine Aussagen.

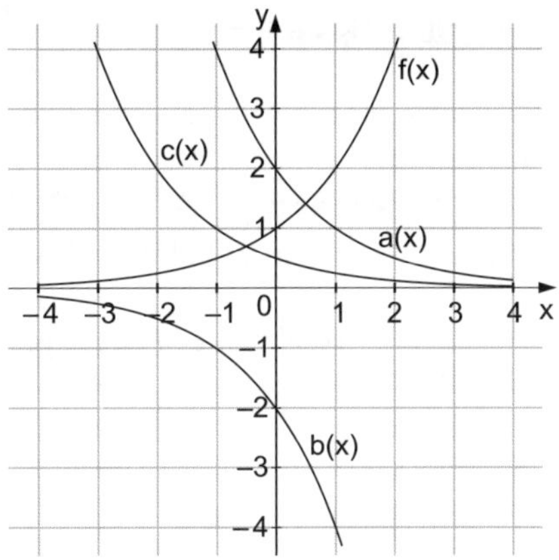

6

5 Berechne die Koeffizienten a, b, c, d einer ganzrationalen Funktion $f(x) = ax^3 + bx^2 + cx + d$, deren Graph die Koordinatenachsen in den Punkten (2 | 0), (1 | 0), (0 | 3) und (–1 | 0) schneidet. 5

Hinweise und Tipps

1 • Beispiele für die Aufgaben a, b und c findest du unter den elementaren Funktionen.
• Die Funktion $x \mapsto \frac{1}{x^2}$ verhält sich im Unendlichen wie in d gefordert, ist aber nicht auf ganz $\mathbb{R}$ definiert. Wandle sie geeignet ab.

2 • Denke an Verschiebungen oder Spiegelungen.
• Erstelle für die Zeichnung keine Wertetabelle, sondern denke an die Graphen der Potenzfunktionen und verwende das Ergebnis von a.
• Subtrahiere x^3 von beiden Seiten der Gleichung in Aufgabe c.
• Was stellen die Lösungen der erhaltenen Gleichung dar?

3 • Bei Quotienten darf der Nenner nicht 0 werden.
• Wie lauten die Kriterien für Achsen- bzw. Punktsymmetrie?
• Ersetze in den Funktionstermen x durch –x und fasse zusammen.

4 Was passiert jeweils mit den auf dem Graphen der Funktion $y = 2^x$ liegenden Punkten $(0|1)$ und $(1|2)$?

5 • Du kannst aus den Angaben vier Gleichungen mit den vier Unbekannten a, b, c, d aufstellen und das Gleichungssystem lösen.
• Schneller geht es aber mithilfe der Linearfaktorzerlegung.

Lösung

1 *Bemerkung:* Es lassen sich jeweils unendlich viele Funktionsterme angeben, welche die geforderten Bedingungen erfüllen. In diesem Sinn sind die Lösungen nicht eindeutig.

a) 2 Minuten,
Alle Geraden mit positiver Steigung oder Potenzfunktionen mit ungeradem natürlichen Exponenten erfüllen die Bedingungen.
Beispiel: $f(x) = x$ 1

b) 3 Minuten, /
Alle Exponentialfunktionen, deren Basis größer als 1 ist, erfüllen die Bedingungen. Beispiel: $f(x) = 2^x$ 1

c) 3 Minuten,
Alle parallel zur y-Achse um 2 Längeneinheiten nach oben verschobenen Exponentialfunktionen, deren Basis größer als 1 ist, erfüllen die Bedingungen. Beispiel: $f(x) = 2^x + 2$ 2

d) 4 Minuten,
Beispiel: $f(x) = \frac{1}{x^2 + 1}$ 2
f ist auf ganz $\mathbb{R}$ definiert, weil $x^2 + 1$ für alle reellen x positiv ist.
Ferner gilt $\lim\limits_{x \to \pm\infty} \frac{1}{x^2 + 1} = 0$, weil der Nenner für $x \to \pm\infty$ jede noch so große positive Zahl überschreitet und der Zähler unverändert bleibt.

2 a) 2 Minuten,
Die Graphen von f bzw. g entstehen aus dem Graphen von h durch eine Spiegelung an der x-Achse (oder y-Achse) bzw. durch eine Verschiebung parallel zur x-Achse um 1 Längeneinheit nach rechts. 2

b) 5 Minuten,

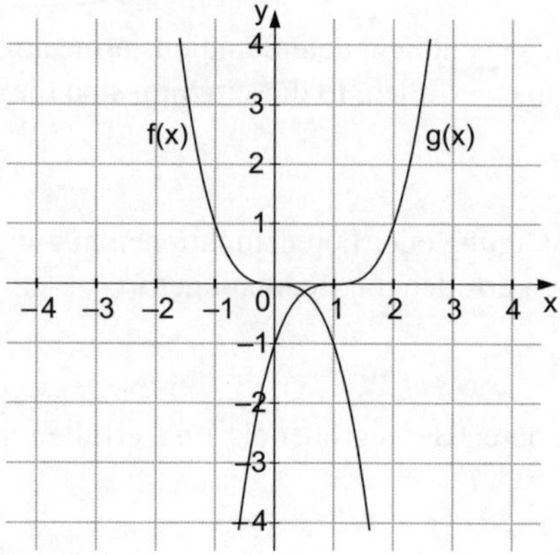

2

c) 3 Minuten,

Die Lösungen der Gleichung $(x-1)^3 + x^3 = 0$ entsprechen den x-Koordinaten der Schnittpunkte von G_f und G_g, denn:

$f(x) = g(x) \quad \Leftrightarrow \quad -x^3 = (x-1)^3$ Funktionsterme gleichsetzen 0,5

$\Leftrightarrow \quad (x-1)^3 + x^3 = 0$ auf beiden Seiten x^3 addieren

Da sich die Funktionsgraphen G_f und G_g nach der Zeichnung aus Teilaufgabe b nur im Punkt (0,5 | ?) schneiden, besitzt die Gleichung $(x-1)^3 + x^3 = 0$ als einzige Lösung vermutlich 0,5. 0,5

Zur Überprüfung setzt man x = 0,5 in die linke Seite ein:

$(0,5-1)^3 + 0,5^3 = -0,5^3 + 0,5^3 = 0$ 1

Übereinstimmung von linker und rechter Seite $\Rightarrow$ 0,5 ist Lösung.

3 a) 5 Minuten,

Definitionsmenge:

Von der Menge $\mathbb{R}$ der reellen Zahlen sind die Zahlen auszuschließen, für die der Nenner null wird: $\mathbb{D}_{f,\,max} = \mathbb{R} \setminus \{0\}$ 1

Symmetrieverhalten: Für ein beliebiges x aus $\mathbb{R}\setminus\{0\}$ gilt:

$f(-x)=\dfrac{\sin(-x)}{-x}$	im Funktionsterm x durch –x ersetzen	0,5
$=\dfrac{-\sin x}{-x}$	$\sin(-x)=\sin x$	0,5
$=\dfrac{\sin x}{x}=f(x)$	im Zähler und Nenner mit –1 erweitern	
f ist achsensymmetrisch bezüglich der y-Achse.	Kriterium für Achsensymmetrie: $f(-x)=f(x)$	1

b) 5 Minuten,

Definitionsmenge:

Von der Menge $\mathbb{R}$ der reellen Zahlen sind die Zahlen auszuschließen, für die der Nenner null wird:

$x+x^3=0$		0,5
$\Leftrightarrow\ x\cdot(1+x^2)=0$	x ausklammern	
$\Leftrightarrow\ x=0$	Ein Produkt ist genau dann 0, wenn mindestens ein Faktor 0 ist; $1+x^2$ ist für alle reellen x positiv.	0,5
Daher ist: $\mathbb{D}_{f,\max}=\mathbb{R}\setminus\{0\}$		0,5

Symmetrieverhalten: Für ein beliebiges x aus $\mathbb{R}\setminus\{0\}$ gilt:

$f(-x)=\dfrac{(-x)^2-2}{(-x)+(-x)^3}$	im Funktionsterm x durch –x ersetzen	0,5
$=\dfrac{x^2-2}{-x-x^3}$		
$=\dfrac{x^2-2}{-(x+x^3)}$	im Nenner –1 ausklammern	0,5
$=-\dfrac{x^2-2}{x+x^3}=-f(x)$		0,5
f ist punktsymmetrisch bezüglich des Koordinatenursprungs.	Kriterium für Punktsymmetrie: $f(-x)=-f(x)$	1

4 8 Minuten,

Behauptung: $a(x) = 2^{-x+1}$ 1

Begründung: Der Graph der Funktion a(x) entsteht aus G_f durch

- eine Spiegelung an der y-Achse (2^x wird zu 2^{-x}) und
- eine anschließende Verschiebung parallel zur x-Achse um 1 Längeneinheit nach rechts (2^{-x} wird zu $2^{-(x-1)} = 2^{-x+1}$). 1

Behauptung: $b(x) = -2^{x+1}$ 1

Begründung: Der Graph der Funktion b(x) entsteht aus G_f durch

- eine Verschiebung parallel zur x-Achse um 1 Längeneinheit nach links (2^x wird zu 2^{x+1}) und
- eine anschließende Spiegelung an der x-Achse (2^{x+1} wird zu -2^{x+1}). 1

Behauptung: $c(x) = 2^{-x-1}$ 1

Begründung: Der Graph der Funktion c(x) entsteht aus G_f durch

- eine Spiegelung an der y-Achse (2^x wird zu 2^{-x}) und
- eine anschließende Verschiebung parallel zur x-Achse um 1 Längeneinheit nach links (2^{-x} wird zu $2^{-(x+1)} = 2^{-x-1}$). 1

5 5 Minuten, /

$f(x) = a(x-2)(x-1)(x+1)$	2, 1 und –1 sind Nullstellen der Funktion.	1
(1) $f(0) = 3$	(0 | 3) liegt auf dem Funktionsgraphen.	0,5
(2) $f(0) = a(0-2)(0-1)(0+1) = 2a$	Einsetzen in Funktionsterm und zusammenfassen	0,5
(1) und (2) $\Rightarrow \quad 2a = 3$		
$a = \frac{3}{2}$	auf beiden Seiten durch 2 dividieren	0,5
$f(x) = \frac{3}{2}(x-2)(x-1)(x+1)$		
$= \frac{3}{2}(x-2)(x^2-1)$	binomische Formel: $(x+a)(x-a) = x^2 - a^2$	1
$= \frac{3}{2}(x^3 - x - 2x^2 + 2)$	Ausmultiplizieren	0,5
$= \frac{3}{2}x^3 - 3x^2 - \frac{3}{2}x + 3$	Ausmultiplizieren und nach Potenzen von x ordnen	
$a = \frac{3}{2};\ b = -3;\ c = -\frac{3}{2};\ d = 3$	Koeffizientenvergleich	1

Klassenarbeit 17

BE

1 Zeichne zu jeder Aussage den Graphen einer Funktion, durch den die Aussage widerlegt wird.

a) Wenn die Werte einer Funktion f für $x \to +\infty$ immer größer werden, dabei aber den Wert 1 nicht überschreiten, gilt: $\lim\limits_{x \to +\infty} f(x) = 1$ 2

b) Eine auf $\mathbb{R}$ definierte Funktion mit $\lim\limits_{x \to \pm\infty} f(x) = 2$ besitzt keine Nullstelle. 2

c) Eine auf $\mathbb{R}$ definierte Funktion mit $\lim\limits_{x \to +\infty} f(x) = +\infty$ und $\lim\limits_{x \to -\infty} f(x) = -\infty$ besitzt immer eine ungerade Anzahl von Nullstellen. 2

2 In der Abbildung ist der Graph G_f der Funktion

$$f(x) = -\frac{6x}{x^2+4}$$

dargestellt. Den größten bzw. kleinsten Funktionswert nimmt f an der Stelle $x_1 = -2$ bzw. $x_2 = 2$ an.

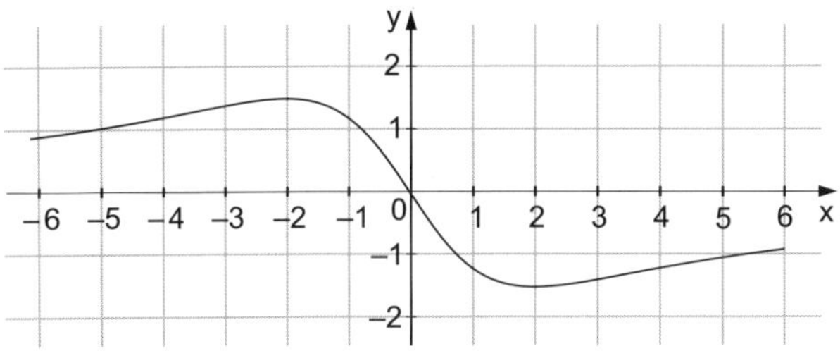

Beantworte mithilfe dieser Informationen folgende Fragen und begründe deine Aussagen. Beachte dabei, dass die Graphen der Funktionen g, h, j durch Stauchungen/Streckungen, Spiegelungen und achsenparallele Verschiebungen aus dem Graphen der Funktion f hervorgehen.

a) Welche Symmetrie weist der Graph der Funktion

$k(x) = \frac{6x}{x^2+4}$ auf? 2

b) An welcher Stelle nimmt die Funktion

$$g(x) = \frac{18x}{9x^2+4}$$

den größten und kleinsten Funktionswert an? Wie groß ist dieser jeweils? 4

c) An welcher Stelle schneidet der Graph der Funktion

$h(x) = -\frac{6x-12}{(x-2)^2+4}$ die x-Achse? 2

d) Wie lauten der größte und der kleinste Funktionswert der Funktion

$j(x) = -\frac{18x}{x^2+4} + 4$? 4

3 Eine ganzrationale Funktion $f(x) = ax^4 + bx^3 + cx^2 + dx + e$ mit einem zur y-Achse symmetrischen Graphen G_f hat unter anderem die Nullstellen –1 und 2. Ihr Graph schneidet die y-Achse im Punkt $(0|3)$.

a) Berechne die Koeffizienten a, b, c, d und e. 4
[Ergebnis zum Weiterrechnen: $f(x) = 0{,}75x^4 - 3{,}75x^2 + 3$]

b) Den kleinsten Funktionswert besitzt f(x) an den Stellen $x_{1,2} = \pm\frac{\sqrt{10}}{2}$.
Wo besitzt die Funktion $g(x) = 3x^4 - 15x^2 + 12$ ihre kleinsten Funktionswerte? 3

4 Gegeben ist die Funktion $f(x) = 3^x - 3^{-x}$.

a) Welche Symmetrieeigenschaft besitzt ihr Graph? 3

b) Berechne $\lim\limits_{x \to \pm\infty} (3^x - 3^{-x})$. 2

Hinweise und Tipps

1
- Betrachte für Aufgabe a den Graphen einer Exponentialfunktion mit Basis $0 < b < 1$, der an der x-Achse gespiegelt wird.
- Spiegle und verschiebe für Aufgabe b eine Glockenkurve.
- Betrachte für Aufgabe c den Graphen einer ganzrationalen Funktion dritten Grades, die eine doppelte und eine einfache Nullstelle besitzt.

2
- Bei Aufgabe b wird der Graph von f zuerst gestaucht und dann gespiegelt.
- Der Graph von h entsteht aus G_f durch nur eine Verschiebung.
- Bei Aufgabe d wird der Graph von f zuerst gestreckt, dann verschoben.

3
- Wie lauten die zu den gegebenen Nullstellen symmetrisch liegenden Nullstellen?
- Du kannst aus den Angaben fünf Gleichungen mit den fünf Unbekannten a, b, c, d und e aufstellen und lösen.
- Schneller geht es aber mithilfe der Linearfaktorzerlegung.
- Der Graph von g entsteht durch eine Streckung aus dem Graphen von f.

4
- Ersetze x im Funktionsterm durch –x.
- Wie lauten die Kriterien für Achsen- bzw. Punktsymmetrie?
- Aus dem Verlauf der Exponentialkurven weißt du:

  $\lim\limits_{x \to +\infty} 3^x = +\infty$; $\lim\limits_{x \to -\infty} 3^x = 0$; $\lim\limits_{x \to +\infty} 3^{-x} = 0$; $\lim\limits_{x \to -\infty} 3^x = +\infty$

Lösung

1 a) 3 Minuten,
Die Werte der rechts abgebildeten Funktion f nehmen für $x \to +\infty$ zu und überschreiten dabei den Wert 1 nicht, dennoch strebt die Funktion für $x \to +\infty$ nicht gegen 1 (sondern gegen 0,5). 2

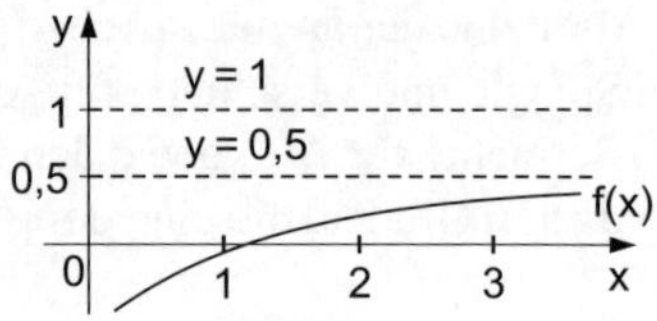

b) 3 Minuten,
Die rechts abgebildete Funktion f(x) besitzt zwei Nullstellen, obwohl f(x) für $x \to \pm\infty$ gegen 2 strebt. 2

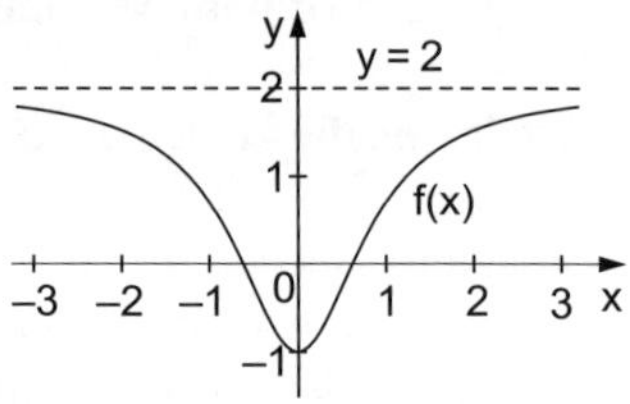

c) 3 Minuten,
Die rechts abgebildete Funktion f(x) besitzt zwei und damit eine gerade Anzahl von Nullstellen, obwohl

$$\lim_{x \to +\infty} f(x) = +\infty \text{ und}$$

$$\lim_{x \to -\infty} f(x) = -\infty.$$ 2

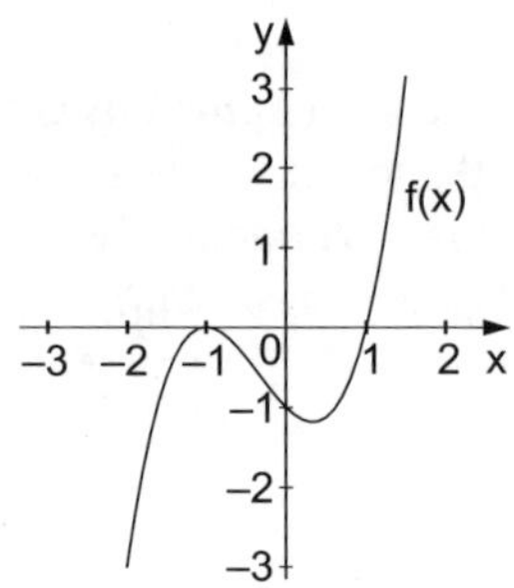

2 a) 3 Minuten,
Behauptung:
Der Graph der Funktion k(x) ist punktsymmetrisch bezüglich des Koordinatenursprungs O. 1

Begründung:
Wegen $k(x) = -f(x)$ entsteht der Graph der Funktion k aus G_f durch eine Spiegelung an der x-Achse. Dabei geht der bezüglich O punktsymmetrische Graph G_f wieder in einen bezüglich O punktsymmetrischen Graphen über. 1

b) 5 Minuten,

Behauptung:

g besitzt bei $x_1 = \frac{2}{3}$ den größten Funktionswert $\frac{3}{2}$ und bei $x_2 = -\frac{2}{3}$ 1
den kleinsten Funktionswert $-\frac{3}{2}$.

Begründung:

Wegen $f(-3x) = -\frac{6(-3x)}{(-3x)^2+4} = \frac{18x}{9x^2+4} = g(x)$ 1

entsteht der Graph der Funktion g(x) aus G_f durch eine Stauchung parallel zur x-Achse um den Faktor 3 und eine anschließende Spiegelung an der y-Achse. 1

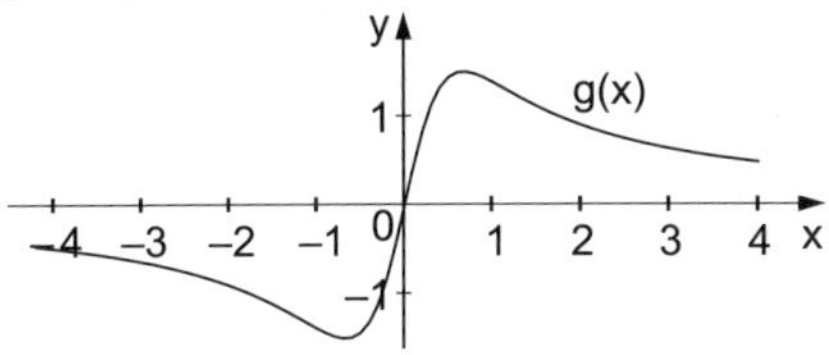

Dadurch ändern sich der größte und kleinste Funktionswert
$f(\pm 2) = -\frac{6\cdot(\pm 2)}{2^2+4} = \mp\frac{12}{8} = \mp\frac{3}{2}$ nicht. Die x-Koordinaten des Maximums und des Minimums lauten wegen der Stauchung um den Faktor 3 und der Spiegelung: $\pm\frac{2}{3}$ 1

c) 4 Minuten,

Behauptung:

h schneidet die x-Achse an der Stelle $x_0 = 2$. 1

Begründung:

Wegen $f(x-2) = -\frac{6(x-2)}{(x-2)^2+4} = -\frac{6x-12}{(x-2)^2+4} = h(x)$

entsteht der Graph der Funktion h(x) aus G_f durch eine Verschiebung parallel zur x-Achse um 2 Längeneinheiten nach rechts.
Die einzige Nullstelle von f im Koordinatenursprung wandert daher auch um 2 Längeneinheiten nach rechts. 1

d) 5 Minuten,

Behauptung:

Die Funktion j(x) hat als größten Funktionswert 8,5 und als kleinsten Funktionswert –0,5. 1

Begründung:

Wegen $3 \cdot f(x) + 4 = 3 \cdot \left(-\frac{6x}{x^2+4}\right) + 4 = \frac{-18x}{x^2+4} + 4 = j(x)$ 1

entsteht der Graph der Funktion j(x) aus G_f durch eine Streckung parallel zur y-Achse um den Faktor 3 und eine anschließende Verschiebung parallel zur y-Achse um 4 Längeneinheiten nach oben. 1
Dabei wird der

- größte Funktionswert 1,5 von f(x) zu $3 \cdot 1,5 + 4 = 8,5$ und der
- kleinste Funktionswert –1,5 von f(x) zu $3 \cdot (-1,5) + 4 = -0,5$. 1

3 a) 8 Minuten,
Wegen der Achsensymmetrie von G_f sind mit –1 und 2 auch 1 und –2 Nullstellen von f. 0,5
Daher lautet die Linearfaktorzerlegung von f(x):
$f(x) = a(x-1)(x+1)(x-2)(x+2)$ 1

Berechnung von a:

$3 = a(0-1)(0+1)(0-2)(0+2)$ — G_f schneidet die y-Achse in $(0|3) \Rightarrow f(0) = 3$ 0,5

$3 = a \cdot 4$ — Zusammenfassen

$a = \frac{3}{4} = 0,75$ — auf beiden Seiten durch 4 dividieren 0,5

$\Rightarrow f(x) = 0,75(x-1)(x+1)(x-2)(x+2)$

$= 0,75(x^2-1)(x^2-4)$ — dritte binomische Formel 0,5

$= 0,75(x^4-4x^2-x^2+4)$ — Ausmultiplizieren

$= 0,75(x^4-5x^2+4)$ — Zusammenfassen

$= 0,75x^4-3,75x^2+3$ — Ausmultiplizieren 0,5

Insgesamt: a = 0,75; b = d = 0; c = –3,75; e = 3 0,5

b) 5 Minuten,

Wegen $4 \cdot f(x) = 4 \cdot (0,75x^4 - 3,75x^2 + 3)$ 0,5

$= 3x^4 - 15x^2 + 12 = g(x)$ 0,5

entsteht der Graph der Funktion g aus dem Graphen der Funktion f durch eine Streckung parallel zur y-Achse um den Faktor 4. 1
g hat daher an denselben Stellen wie f die kleinsten Funktionswerte. 1

4 a) 3 Minuten, /

$f(-x) = 3^{-x} - 3^{-(-x)}$	im Funktionsterm x durch –x ersetzen	0,5
$= 3^{-x} - 3^{x}$	$-(-x) = x$	0,5
$= -(3^{x} - 3^{-x})$	–1 ausklammern	0,5
$= -f(x)$		0,5
f ist punktsymmetrisch bezüglich des Koordinatenursprungs.	Bedingung für Punktsymmetrie: $f(-x) = f(x)$	1

b) 3 Minuten, /

$\lim\limits_{x \to +\infty}\left(\underbrace{3^{x}}_{\to +\infty} - \underbrace{3^{-x}}_{\to 0}\right) = +\infty$	1
$\lim\limits_{x \to -\infty}\left(\underbrace{3^{x}}_{\to 0} - \underbrace{3^{-x}}_{\to +\infty}\right) = -\infty$	1

Klassenarbeit 18

BE

1 Berechne die Koordinaten der Punkte, in denen sich die Graphen der Funktionen $f(x) = x^3 - 3x^2 - x + 5$ und $g(x) = x^3 + 2x^2 - x$ schneiden. 5

2 Der Graph der Funktion g(x) ist durch eine Spiegelung an einer Koordinatenachse und eine achsenparallele Verschiebung aus dem Graphen der Funktion $f(x) = x^3 - 2x + 1$ entstanden. Ermittle die Koeffizienten a, b, c und d des Funktionsterms $g(x) = ax^3 + bx^2 + cx + d$ und begründe dein Vorgehen. 5

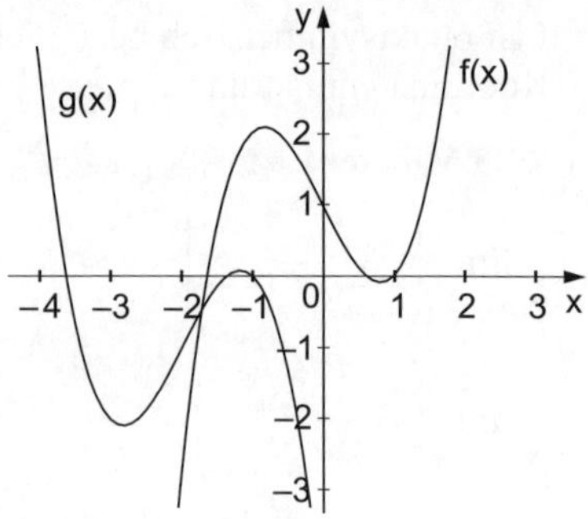

3 k ist ein positiver reeller Parameter. Berechne die maximalen Definitionsmengen folgender Funktionen in Abhängigkeit von k.

a) $f(x) = \sqrt{(k-x) \cdot x}$ 4

b) $g(x) = \sqrt{(k-x) \cdot k}$ 3

c) $h(x) = \sqrt{k^2 - x^2}$ 4

4 Gegeben ist die Funktion:

$$f(x) = \frac{4x}{kx^2 - |k| \cdot x^2 + 1}$$

k ist dabei ein beliebiger reeller Parameter. Untersuche das Verhalten von f(x) im Unendlichen in Abhängigkeit von k. 9

Hinweise und Tipps

1
- Setze die beiden Funktionsterme gleich und löse die sich so ergebende Gleichung.
- Vergiss nicht, die y-Koordinaten der Schnittpunkte zu berechnen.

2
- Wie ändert sich die Lage eines markanten auf G_f liegenden Punktes, z. B. des Punktes $(1 \mid 0)$?
- Wie wirken sich die Spiegelung und die Verschiebung auf den Funktionsterm aus?

3
- Der Radikand darf jeweils nicht negativ werden.
- Überlege bei Aufgabe a, für welche x-Werte die quadratische Funktion $p(x) = (k - x) \cdot x$ über der x-Achse verläuft.
- Überlege bei Aufgabe b, für welche x-Werte die lineare Funktion $\ell(x) = k - x$ über der x-Achse verläuft.
- Achte bei Aufgabe c darauf, dass $\sqrt{a^2} = |a|$ und dass $|a| = a$, wenn $a > 0$.

4 Unterscheide zwischen den Fällen $k \geq 0$ und $k < 0$.

Lösung

1 7 Minuten,

x-Koordinaten der Schnittpunkte:

$x^3 - 3x^2 - x + 5 = x^3 + 2x^2 - x$	Schnittbedingung: f(x) = g(x)	1
$-5x^2 = -5$	auf beiden Seiten x^3, $2x^2$ und 5 subtrahieren sowie x addieren	0,5
$x^2 = 1$	auf beiden Seiten durch –5 dividieren	0,5
$\Rightarrow \quad x_1 = 1$ oder $x_2 = -1$	auf beiden Seiten radizieren	1

y-Koordinaten der Schnittpunkte:

$g(1) = 1^3 + 2 \cdot 1^2 - 1 = 2$ 0,5

$g(-1) = (-1)^3 + 2 \cdot (-1)^2 - (-1) = -1 + 2 + 1 = 2$ 0,5

f und g schneiden sich also in $S_1(1 \mid 2)$ und $S_2(-1 \mid 2)$. 1

2 7 Minuten, /

Der Graph der Funktion g entsteht aus dem Graphen der Funktion f durch

- eine Verschiebung parallel zur x-Achse um 2 Längeneinheiten nach links [f(x) wird zu f(x + 2)] und 1
- eine Spiegelung an der x-Achse [f(x + 2) wird zu –f(x + 2)]. 1

Daher ist:

$g(x) = -f(x+2)$		1
$= -[(x+2)^3 - 2(x+2) + 1]$		
$= -[(x+2)^2(x+2) - 2(x+2) + 1]$		
$= -[(x^2 + 4x + 4)(x+2) - 2(x+2) + 1]$	binomische Formel	0,5
$= -[x^3 + 4x^2 + 4x + 2x^2 + 8x + 8$ $-2x - 4 + 1]$	Ausmultiplizieren	0,5
$= -[x^3 + 6x^2 + 10x + 5]$	Zusammenfassen	
$= -x^3 - 6x^2 - 10x - 5$	Ausmultiplizieren	0,5

Es folgt: $a = -1$; $b = -6$; $c = -10$; $d = -5$ 0,5

3 Zur Definitionsmenge gehören jeweils alle reellen x, für die der Radikand nicht negativ ist.

a) 6 Minuten,

Bedingung, damit x zur Definitionsmenge gehört: $(k-x)\cdot x \geq 0$ 1

Da die quadratische Funktion

$y=(k-x)\cdot x=-x^2+kx$

- die Nullstellen $x_1=0$ und $x_2=k$ besitzt und 1
- ihr Graph eine nach unten offene Parabel ist (Koeffizient vor x^2 negativ), 1

verläuft die Parabel nur im Intervall [0; k] nicht unter der x-Achse.

Daher lautet die maximale Definitionsmenge: $\mathbb{D}_{f,\,max}=[0;\,k]$ 1

b) 6 Minuten,

Bedingung, damit x zur Definitionsmenge gehört: $(k-x)\cdot k \geq 0$ 1

$(k-x)\cdot k \geq 0$

$k-x \geq 0$ — auf beiden Seiten durch k dividieren; da k positiv ist, ändert sich das Ungleichungszeichen nicht. 1

$k \geq x$ — auf beiden Seiten x addieren

Daher lautet die maximale Definitionsmenge: $\mathbb{D}_{g,\,max}=[-\infty;\,k]$ 1

c) 6 Minuten,

Bedingung, damit x zur Definitionsmenge gehört: $k^2-x^2 \geq 0$ 1

$k^2-x^2 \geq 0$

$k^2 \geq x^2$ — auf beiden Seiten x^2 addieren

$|k| \geq |x|$ — auf beiden Seiten radizieren; $\sqrt{a^2}=|a|$ 1

$k \geq |x|$ — k ist positiv. 0,5

$\Leftrightarrow\ -k \leq x \leq k$ 0,5

Daher lautet die maximale Definitionsmenge: $\mathbb{D}_{h,\,max}=[-k;\,k]$ 1

4 13 Minuten,

Wenn $k \geq 0$ ist, gilt $|k| = k$, also: 1

$$f(x) = \frac{4x}{kx^2 - |k| \cdot x^2 + 1}$$

$$= \frac{4x}{kx^2 - kx^2 + 1}$$

$$= \frac{4x}{1} = 4x$$ 0,5

Daher ist für $k \geq 0$:

$$\lim_{x \to +\infty} f(x) = \lim_{x \to +\infty} 4x = +\infty$$ 1

$$\lim_{x \to -\infty} f(x) = \lim_{x \to -\infty} 4x = -\infty$$ 1

Wenn $k < 0$ ist, gilt $|k| = -k$, also: 1

$$f(x) = \frac{4x}{kx^2 - (-kx^2) + 1}$$

$$= \frac{4x}{2kx^2 + 1}$$ 0,5

Daher ist für $k < 0$:

$$\lim_{x \to \pm\infty} f(x) = \lim_{x \to \pm\infty} \frac{4x}{2kx^2 + 1}$$

$$= \lim_{x \to \pm\infty} \frac{\frac{4x}{x^2}}{\frac{2kx^2}{x^2} + \frac{1}{x^2}}$$ durch die höchste x-Potenz des Nenners im Zähler und Nenner dividieren 1

$$= \lim_{x \to \pm\infty} \frac{\frac{4}{x}}{2k + \frac{1}{x^2}}$$ Kürzen 0,5

$$= \frac{0}{2k + 0} = 0$$ Für jede natürliche Zahl n und eine beliebige reelle Zahl a gilt: $\frac{a}{x^n} \to 0$ für $x \to \pm\infty$ 0,5

Ergebnis:

Ist k nicht negativ, so streben die Funktionswerte gegen $+\infty$, wenn x gegen $+\infty$ strebt, und gegen $-\infty$, wenn x gegen $-\infty$ strebt. 1

Ist k negativ, so streben die Funktionswerte gegen 0, wenn x gegen $+\infty$ oder $-\infty$ strebt. 1

Klassenarbeit 19

BE

1 Zeige, dass der Graph der Funktion $g(x) = -8x^3 + 24x^2 - 26x + 11$ aus dem Graphen G_f der Funktion $f(x) = x^3 + x + 1$ entsteht, indem G_f an der y-Achse gespiegelt, dann um 2 Längeneinheiten parallel zur x-Achse nach rechts verschoben und anschließend parallel zur x-Achse um den Faktor 2 gestaucht wird. 8

2 Welche Aussagen lassen sich über den ganzzahligen Exponenten n einer Potenzfunktion
$f\colon x \mapsto x^n,\ x \in \mathbb{D}_{f,\max}$
machen, wenn
a) ihr Graph punktsymmetrisch zum Koordinatenursprung ist? 2
b) ihr Graph nicht unter der x-Achse verläuft? 2
c) der Punkt $\left(-3 \,\middle|\, -\frac{1}{27}\right)$ auf ihrem Graphen liegt? 3
d) ihr Graph auf dem Intervall $]0; 1[$ stets unter dem Graphen der Funktion $g\colon x \mapsto x^7$ verläuft? 3
Begründe deine Aussagen jeweils.

3 Die Kurve mit der Gleichung $y = x^3 + x^2 - 11x + 11$ schneidet die Parabel mit der Gleichung $y = x^2 - 4x + 5$ in drei Punkten, deren x-Koordinaten ganzzahlig sind.
a) Wie lauten die Koordinaten dieser Schnittpunkte? 6
b) Zeige, dass diese Punkte nicht auf einer Geraden liegen. 4

4 Die Graphen der Funktionen h(x) (gestrichelt dargestellt) und g(x) (gepunktet dargestellt) sind durch Dehnungen bzw. Stauchungen des Graphen G_f der Funktion f(x) entstanden. Drücke die Funktionsterme g(x) und h(x) mithilfe von f(x) aus. 2

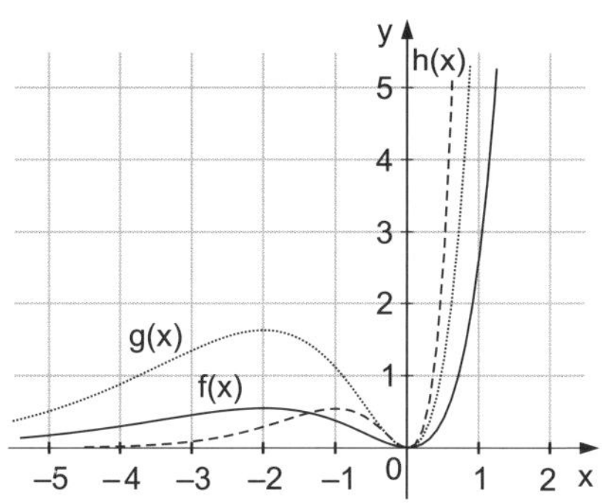

Hinweise und Tipps

1
- Ändere den Funktionsterm schrittweise entsprechend der jeweiligen Änderungen des Funktionsgraphen.
- Vereinfache den Funktionsterm nach jeder Änderung algebraisch, bevor du eine neue Änderung vornimmst.

2
- Du kannst entweder anhand der Graphen der Potenzfunktionen (Parabeln und Hyperbeln) oder, wie im Lösungsteil, rechnerisch argumentieren.
- Die Bedingung für Punktsymmetrie lautet: $f(-x) = -f(x)$
- Der Graph verläuft nicht unter der x-Achse, wenn $f(x) \geq 0$.
- Setze bei c die gegebenen Koordinaten in die Funktionsgleichung ein.
- Der Graph einer Funktion f(x) verläuft unter dem Graphen einer Funktion g(x), wenn $f(x) < g(x)$.

3
- Setze die Funktionsterme gleich und „errate" die ganzzahligen Lösungen der sich dadurch ergebenden Gleichung.
- Vergiss nicht, auch die y-Koordinaten der Schnittpunkte zu berechnen.
- Bezeichnen S_1, S_2 und S_3 die Schnittpunkte, so lässt sich der Nachweis für Aufgabe b am einfachsten erbringen, indem du zeigst, dass die Steigungen zweier Geraden, z. B. der Geraden S_1S_2 und S_2S_3, nicht gleich sind.
- Du kannst aber auch die Gleichung einer Geraden aufstellen, die durch zwei der drei Punkte geht, und nachweisen, dass der dritte Punkt nicht auf dieser Geraden liegt.

4 Betrachte u. a. die Lageänderung des Punktes auf G_f mit der x-Koordinate –2.

Lösung

1 12 Minuten,

Spiegelung an der y-Achse:

Im Funktionsterm werden alle x durch –x ersetzt. 1

x^3+x+1 wird zu $(-x)^3+(-x)+1=-x^3-x+1$ 1

Verschiebung um 2 Längeneinheiten parallel zur x-Achse nach rechts:

Im Funktionsterm werden alle x durch $x-2$ ersetzt. $-x^3-x+1$ wird zu 1

$-(x-2)^3-(x-2)+1$

$=-(x-2)^2(x-2)-x+2+1$		0,5
$=-(x^2-4x+4)(x-2)-x+3$	binomische Formel	0,5
$=-[x^3-4x^2+4x-2x^2+8x-8]-x+3$	Ausmultiplizieren	0,5
$=-[x^3-6x^2+12x-8]-x+3$	in der Klammer zusammenfassen	0,5
$=-x^3+6x^2-12x+8-x+3$	Klammer auflösen	0,5
$=-x^3+6x^2-13x+11$	Zusammenfassen	0,5

Stauchung parallel zur x-Achse um den Faktor 2:

Im Funktionsterm werden alle x durch 2x ersetzt. 1

$-x^3+6x^2-13x+11$ wird zu

$-(2x)^3+6\cdot(2x)^2-13\cdot(2x)+11=-8x^3+24x^2-26x+11=g(x)$ 1

2 a) 3 Minuten,

Behauptung: n ist ungerade 1

Begründung:

f ist punktsymmetrisch zum Ursprung, wenn $f(-x)=-f(x)$.	Bedingung für Punktsymmetrie	0,5
$\Leftrightarrow\ (-x)^n=-x^n$	Einsetzen in Potenzfunktionsterm	0,5
$\Leftrightarrow$ n ist ungerade.	Wäre n gerade, so wäre $(-x)^n=x^n$.	

b) 3 Minuten,

Behauptung: n ist gerade 1

Begründung:

f verläuft nicht unter der x-Achse, wenn $f(x)\geq 0$.

$\Leftrightarrow\ x^n\geq 0$ (egal ob x positiv oder negativ ist)		0,5
$\Leftrightarrow$ n ist gerade.	Wäre n ungerade, so wäre x^n für negatives x negativ.	0,5

c) 3 Minuten,

Behauptung: $n = -3$		1
Begründung:		
$f(-3) = -\frac{1}{27}$	$\left(-3 \mid -\frac{1}{27}\right)$ liegt auf G_f.	
$(-3)^n = -\frac{1}{27}$	Einsetzen in den Funktionsterm	0,5
$(-3)^n = -\frac{1}{3^3}$	Umformen auf Basis 3	0,5
$(-3)^n = -3^{-3}$	$\frac{1}{a^x} = a^{-x}$	0,5
$(-3)^n = (-3)^{-3}$		
$n = -3$	Exponentenvergleich	0,5

d) 3 Minuten,

Behauptung: $n > 7$		1
Begründung:		
$x^n < x^7; \quad x \in]0;1[$		
$1 < \frac{x^7}{x^n}$	auf beiden Seiten durch x^n dividieren; $x^n > 0$ für $x \in]0;1[$	0,5
$1 < x^{7-n}$	Potenzgesetz	0,5
$7 - n < 0$	Die Funktionswerte von Potenzfunktionen mit positivem (negativem) Exponenten sind für x aus]0; 1[kleiner (größer) als 1.	1
$7 < n$		

3 a) 10 Minuten,

Berechnung der x-Koordinaten:		
$x^3 + x^2 - 11x + 11 = x^2 - 4x + 5$	Schnittbedingung: Gleichsetzen der Funktionsterme	1
$x^3 - 7x + 6 = 0$	auf beiden Seiten x^2 und 5 subtrahieren sowie 4x addieren	0,5

Mögliche ganzzahlige Nullstellen sind Teiler von 6, also ±1; ±2; ±3; ±6.

Einsetzen von +1:	$1^3 - 7 \cdot 1 + 6 = 0$	$\Rightarrow$ $x_1 = 1$ ist Lösung.	0,5
Einsetzen von –1:	$(-1)^3 - 7 \cdot (-1) + 6 = 12$	$\Rightarrow$ $x_2 = -1$ ist keine Lösung.	0,5
Einsetzen von 2:	$2^3 - 7 \cdot 2 + 6 = 0$	$\Rightarrow$ $x_3 = 2$ ist Lösung.	0,5

Einsetzen von –2: $(-2)^3 - 7 \cdot (-2) + 6 = 12 \Rightarrow x_4 = -2$ ist keine Lösung. 0,5

Einsetzen von –3: $(-3)^3 - 7 \cdot (-3) + 6 = 0 \Rightarrow x_5 = -3$ ist Lösung. 0,5

Da eine algebraische Gleichung vom Grad 3 höchstens 3 Lösungen besitzt, lautet die Lösungsmenge $\mathbb{L}$ der Gleichung: $\mathbb{L} = \{-3; 1; 2\}$ 0,5

Berechnung der y-Koordinaten:

$(-3)^2 - 4 \cdot (-3) + 5 = 9 + 12 + 5 = 26$ — Einsetzen z. B. in den quadratischen Term

$\Rightarrow$ 1. Schnittpunkt: $S_1(-3\,|\,26)$ 0,5

$1^2 - 4 \cdot 1 + 5 = 2$

$\Rightarrow$ 2. Schnittpunkt: $S_2(1\,|\,2)$ 0,5

$2^2 - 4 \cdot 2 + 5 = 1$

$\Rightarrow$ 3. Schnittpunkt: $S_3(2\,|\,1)$ 0,5

b) 7 Minuten,

Alternative 1:

Steigung der Geraden S_2S_3: $m_1 = \frac{1-2}{2-1} = \frac{-1}{1} = -1$ 1,5

Steigung der Geraden S_1S_3: $m_2 = \frac{1-26}{2-(-3)} = \frac{-25}{5} = -5$ 1,5

Lägen die 3 Punkte auf einer Geraden, müssten die Steigungen m_1 und m_2 übereinstimmen. 1

Alternative 2:

Aufstellen der Gleichung der Geraden S_2S_3:

S_2S_3: $y = -x + t$ — Die Steigung der Geraden S_2S_3 wird wie in Alternative 1 berechnet.

$1 = -2 + t$ — S_3 liegt auf S_2S_3.

$t = 3$ — auf beiden Seiten 2 addieren

Daher lautet die Gleichung der Geraden S_2S_3: $y = -x + 3$

Wegen $26 \neq -(-3) + 3$ liegt S_1 nicht auf S_2S_3.

4 4 Minuten,

Der Graph von h(x) entsteht aus G_f durch eine Stauchung parallel zur x-Achse um den Faktor 2. Daher gilt: $h(x) = f(2x)$ 1

Der Graph von g(x) entsteht aus G_f durch eine Dehnung parallel zur y-Achse um den Faktor 3. Daher gilt: $g(x) = 3 \cdot f(x)$ 1

Klassenarbeit 20

BE

1 Betrachtet werden Potenzfunktionen der Form
$f\colon\ x \mapsto x^n,\ x \in \mathbb{D}_{f,\,max}$
mit ganzzahligen Exponenten n.

a) Verdeutliche anhand grober Skizzen, wie der Verlauf der zugehörigen Graphen vom Exponenten n abhängt. 2

Welche Aussagen lassen sich über n machen, wenn

b) Definitions- und Wertemenge übereinstimmen? 1

c) die Wertemenge eine echte Teilmenge der Definitionsmenge ist? 1

d) 0 nicht zur Wertemenge gehört? 1

e) der Graph immer über der x-Achse verläuft? 1

f) die Beträge der Funktionswerte für $x \to -\infty$ immer kleiner werden? 1

Begründe deine Aussagen jeweils durch einen Verweis auf deine Zeichnungen in Teilaufgabe a.

2 Berechne folgende Grenzwerte:

a) $\lim\limits_{x \to \pm\infty} \left(1 + \frac{1}{x} + \frac{1}{x^2}\right)$ 1

b) $\lim\limits_{x \to \pm\infty} \frac{x + \cos x}{x}$ 2

c) $\lim\limits_{x \to \pm\infty} (2^x \cdot \cos x)$ 3

d) $\lim\limits_{x \to \pm\infty} (2^{-x} + 2^x)$ 2

e) $\lim\limits_{x \to \pm\infty} \frac{x^2 + 2x + 1}{x + 1}$ 2

3 Gegeben ist die Schar von Parabeln
$p(x) = x^2 + kx + 1, \ k \in \mathbb{R}$.

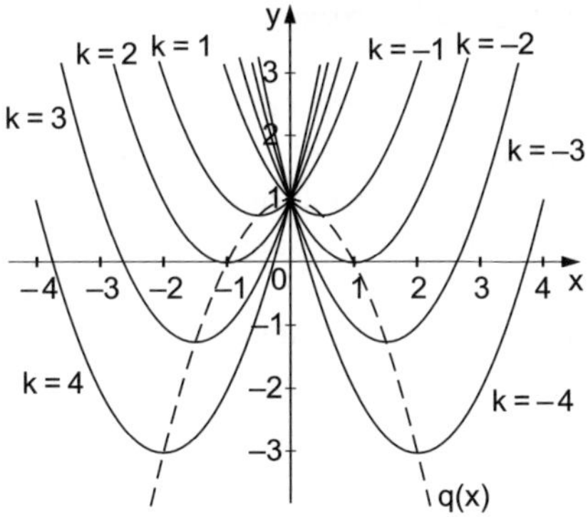

a) Zeige ohne Zuhilfenahme der Skizze durch Rechnung, dass es einen Punkt gibt, durch den alle diese Parabeln verlaufen. 3

b) Zeige durch Rechnung, dass die Scheitelpunkte dieser Parabeln auf der Parabel mit der Gleichung $q(x) = 1 - x^2$ liegen. 5

4 Zeige durch Rechnung, dass es genau zwei Werte für a gibt, für welche die Gerade $g(x) = 4 + ax$ und die Parabel $p(x) = -x^2 - x + 3$ nur einen einzigen Punkt gemeinsam haben. Welche besondere Lage hat dann die Gerade bezüglich der Parabel? 5

Hinweise und Tipps

1 • Zeichne je eine Parabel und je eine Hyperbel gerader und ungerader Ordnung.
• Überprüfe jeweils anhand der Skizzen, ob Hyperbeln oder/und Parabeln gerader oder/und ungerader Ordnung infrage kommen.

2 Aus dem Verhalten der elementaren Funktionen im Unendlichen kennst du folgende Grenzwerte:

• $\lim\limits_{x \to \pm\infty} \frac{a}{x^n} = 0$ (a beliebig, n natürlich)

• $\lim\limits_{x \to +\infty} a^x = +\infty$ und $\lim\limits_{x \to -\infty} a^x = 0$ bzw.

$\lim\limits_{x \to +\infty} a^{-x} = 0$ und $\lim\limits_{x \to -\infty} a^{-x} = +\infty \quad (a > 1)$

• $\lim\limits_{x \to \pm\infty} ax^n = \pm\infty$ bzw. $\mp\infty$ je nachdem, ob n gerade oder ungerade ist und welches Vorzeichen a besitzt.

3 • Setze für unterschiedliche k die Funktionsterme gleich und zeige, dass die dabei entstehende Gleichung unabhängig von k genau eine Lösung besitzt.
• Vergiss nicht, die y-Koordinate des Schnittpunkts zu berechnen.
• Ermittle für Aufgabe b die Koordinaten eines Scheitelpunkts mithilfe quadratischer Ergänzung.
• Setze die Koordinaten des Scheitelpunkts in den Funktionsterm q(x) ein.

4 • Setze die beiden Funktionsterme gleich.
• Die Diskriminante einer quadratischen Gleichung erlaubt es, Aussagen über die Anzahl der Lösungen zu machen.
• Eine Gerade kann eine Kurve passieren, tangieren oder schneiden.

Lösung

1 a) 5 Minuten,

n ist positiv | **n ist negativ**

n ist ungerade 1

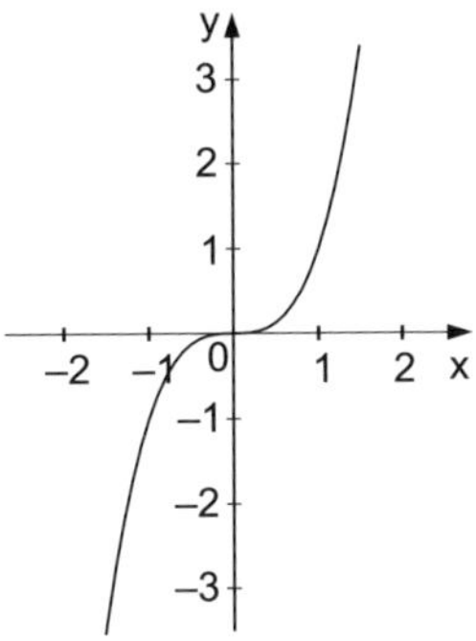

Typ A

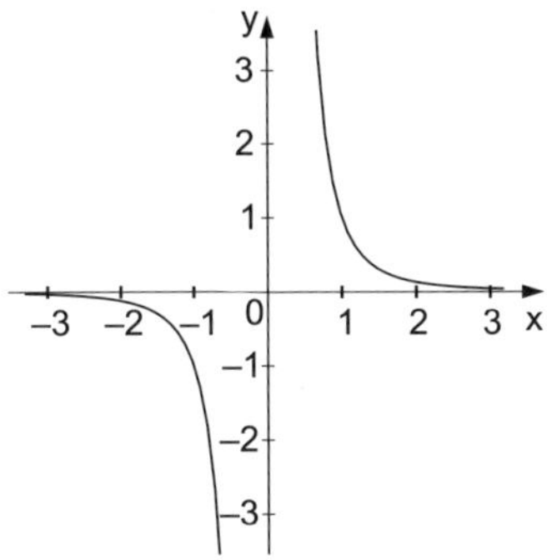

Typ B

n ist gerade 1

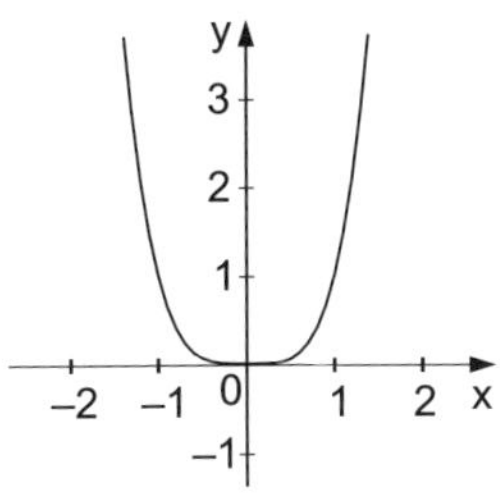

Typ C

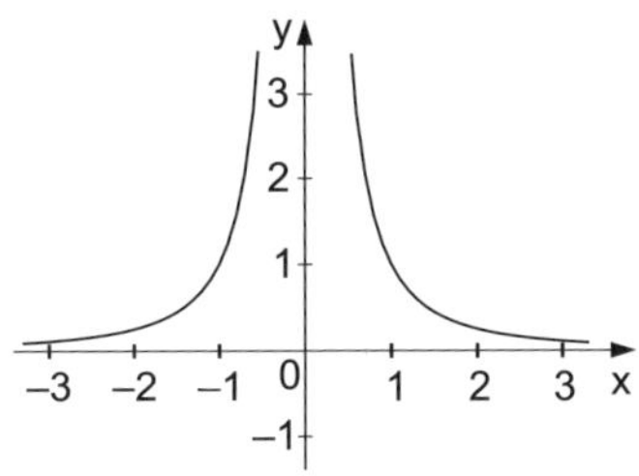

Typ D

b) 2 Minuten, /

Definitions- und Wertemenge stimmen nur dann überein, wenn n ungerade ist. 0,5

Begründung:

Bei Typ A gilt: $\mathbb{D} = \mathbb{R}$ und $\mathbb{W} = \mathbb{R}$

Bei Typ B gilt: $\mathbb{D} = \mathbb{R} \setminus \{0\}$ und $\mathbb{W} = \mathbb{R} \setminus \{0\}$ 0,5

c) 2 Minuten, /

Die Wertemenge ist eine echte Teilmenge der Definitionsmenge, wenn n gerade ist. 0,5

Begründung:

Bei Typ C gilt: $\mathbb{D} = \mathbb{R}$ und $\mathbb{W} = \mathbb{R}_0^+ \subset \mathbb{R} = \mathbb{D}$

Bei Typ D gilt: $\mathbb{D} = \mathbb{R} \setminus \{0\}$ und $\mathbb{W} = \mathbb{R}^+ \subset \mathbb{R} \setminus \{0\} = \mathbb{D}$ 0,5

d) 2 Minuten, /

0 gehört nicht zur Wertemenge, wenn n negativ ist. 0,5

Begründung:
Bei Typ B gilt: $0 \notin W = \mathbb{R} \setminus \{0\}$
Bei Typ D gilt: $0 \notin W = \mathbb{R}^+$ 0,5

e) 2 Minuten, /

Der Graph verläuft immer über der x-Achse, wenn n negativ und gerade ist. 0,5

Begründung:
Bei Typ C tangiert der Graph die x-Achse im Ursprung.
Bei Typ A und B verläuft er streckenweise auch unter der x-Achse. 0,5

f) 2 Minuten, /

Die Beträge der Funktionswerte werden für $x \to -\infty$ immer kleiner, wenn n negativ ist. 0,5

Begründung:
Bei Typ A bzw. C streben die Funktionswerte für $x \to -\infty$ gegen $-\infty$ bzw. gegen $+\infty$. 0,5

2 a) 2 Minuten, /

$$\lim_{x \to \pm\infty} \left(1 + \frac{1}{x} + \frac{1}{x^2}\right)$$

$$= \lim_{x \to \pm\infty} 1 + \lim_{x \to \pm\infty} \frac{1}{x} + \lim_{x \to \pm\infty} \frac{1}{x^2}$$

Für beliebige natürliche bzw. reelle Zahlen n bzw. a gilt: 0,5

$\lim_{x \to \pm\infty} \frac{a}{x^n} = 0$

$$= 1 + 0 + 0 = 1$$

0,5

b) 2 Minuten,

$$\lim_{x \to \pm\infty} \frac{x + \cos x}{x} = \lim_{x \to \pm\infty} \left(1 + \frac{\cos x}{x}\right)$$

Distributivgesetz: $\frac{a+b}{c} = \frac{a}{c} + \frac{b}{c}$; Kürzen 0,5

$$= \lim_{x \to \pm\infty} 1 + \lim_{x \to \pm\infty} \frac{\cos x}{x}$$

0,5

$$= 1 + 0 = 1$$

$\lim_{x \to \pm\infty} \frac{\cos x}{x} = 0$, da cos x keine größeren Werte als +1 und keine kleineren als –1 annimmt und x dem Betrag nach jede noch so große Zahl überschreitet. 1

c) 5 Minuten,

$$\lim_{x \to \pm\infty} (2^x \cdot \cos x)$$

1. Fall: $x \to +\infty$

Da $\lim\limits_{x \to +\infty} 2^x = +\infty$ gilt und $\cos x$ zwischen –1 und +1 „pendelt“, nimmt das Produkt immer größere positive, aber auch immer kleinere negative Werte an – es divergiert unbestimmt. 1,5

2. Fall: $x \to -\infty$

Da $\lim\limits_{x \to -\infty} 2^x = 0$ und $\cos x$ keine größeren Werte als +1 und keine kleineren als –1 annimmt, strebt das Produkt $2^x \cdot \cos x$ für $x \to -\infty$ gegen 0. 1,5

d) 4 Minuten, /

1. Fall: $x \to +\infty$

Wegen

$\lim\limits_{x \to +\infty} 2^{-x} = 0$ und $\lim\limits_{x \to +\infty} 2^x = +\infty$ Verlauf der Exponentialkurven 0,5

gilt:

$\lim\limits_{x \to +\infty} (2^{-x} + 2^x) = +\infty$ 0,5

2. Fall: $x \to -\infty$

Wegen

$\lim\limits_{x \to -\infty} 2^{-x} = +\infty$ und $\lim\limits_{x \to -\infty} 2^x = 0$ Verlauf der Exponentialkurven 0,5

gilt:

$\lim\limits_{x \to -\infty} (2^{-x} + 2^x) = +\infty$ 0,5

e) 2 Minuten, /

$\lim\limits_{x \to \pm\infty} \dfrac{x^2 + 2x + 1}{x + 1} = \lim\limits_{x \to \pm\infty} \dfrac{(x+1)^2}{x+1}$ binomische Formel 0,5

$= \lim\limits_{x \to \pm\infty} (x + 1)$ mit $(x + 1)$ kürzen

$= \begin{cases} +\infty, \text{ wenn } x \to +\infty \\ -\infty, \text{ wenn } x \to -\infty \end{cases}$ Verlauf der Geraden $y = x + 1$ 1,5

3 a) 5 Minuten,

Berechnung des Schnittpunkts zweier Parabeln, die zu verschiedenen Parametern k_1 und k_2 gehören:

$x^2 + k_1x + 1 = x^2 + k_2x + 1;\quad k_1 \neq k_2$	Schnittbedingung	0,5
$k_1x = k_2x$	auf beiden Seiten x^2 und 1 subtrahieren	
$k_1x - k_2x = 0$	auf beiden Seiten k_2x subtrahieren	
$(k_1 - k_2)x = 0$	x ausklammern	0,5
$x = 0$	Ein Produkt ist genau dann 0, wenn mindestens ein Faktor 0 ist; k_1 und k_2 sind verschieden.	1

y-Koordinate des Schnittpunkts:

$0^2 + k \cdot 0 + 1 = 1$	x = 0 in die Parabelgleichung einsetzen	0,5

Ergebnis: Alle Parabeln schneiden sich im Punkt $(0 \mid 1)$. 0,5

b) 4 Minuten,

Berechnung der Scheitelkoordinaten:

$x^2 + kx + 1 = x^2 + kx + \frac{k^2}{4} - \frac{k^2}{4} + 1$	quadratische Ergänzung	1
$= \left(x + \frac{k}{2}\right)^2 - \frac{k^2}{4} + 1$	binomische Formel	1

Scheitelkoordinaten:

$S(x_S \mid y_S) = \left(-\frac{k}{2} \,\middle|\, -\frac{k^2}{4} + 1\right)$	Koordinatenentnahme aus der Scheitelform	1

Überprüfen, ob S auf dem Graphen der Parabel q(x) liegt:

$q(x_S) = q\left(-\frac{k}{2}\right)$	$S(x_S \mid y_S)$ liegt auf dem Graphen der Funktion q(x), wenn $q(x_S) = y_S$.	1
$= 1 - \left(-\frac{k}{2}\right)^2$	Einsetzen in den Funktionsterm	0,5
$= 1 - \frac{k^2}{4} = y_S$		0,5

Ergebnis: Alle Parabelscheitel liegen auf der Parabel q(x).

4 6 Minuten, /

$4 + a \cdot x = -x^2 - x + 3$	Schnittbedingung	0,5
$x^2 + x + a \cdot x + 1 = 0$	auf beiden Seiten x^2 und x addieren sowie 3 subtrahieren	0,5
$x^2 + x(1 + a) + 1 = 0$	x partiell ausklammern	
$D = (1 + a)^2 - 4 \cdot 1 \cdot 1 = (1 + a)^2 - 4$	Die Anzahl der Lösungen einer quadratischen Gleichung lässt sich mithilfe der Diskriminante D bestimmen.	0,5

Bedingung für genau einen Schnittpunkt:

$(1 + a)^2 - 4 = 0$	Eine quadratische Gleichung besitzt genau eine Lösung, wenn ihre Diskriminante gleich 0 ist.	0,5
$(1 + a)^2 = 4$	auf beiden Seiten 4 addieren	
$\Rightarrow \lvert 1 + a \rvert = 2$	auf beiden Seiten radizieren	0,5
$1 + a = \pm 2$	Auflösen des Betrags	0,5
$a = \pm 2 - 1$	auf beiden Seiten 1 subtrahieren	
$a_1 = 1; a_2 = -3$		0,5

Nur für die beiden Parameter $a_1 = 1$ und $a_2 = -3$ besitzen die Gerade und die Parabel einen einzigen gemeinsamen Punkt. 0,5

Für diese Parameter tangiert die Gerade die Parabel in diesem Punkt. 1

Ihre Meinung ist uns wichtig!

Ihre Anregungen sind uns immer willkommen. Bitte informieren Sie uns mit diesem Schein über Ihre Verbesserungsvorschläge!

Titel-Nr.	Seite	Vorschlag

Bitte hier abtrennen

Bitte hier abtrennen

Zutreffendes bitte ankreuzen!

Die Absenderin/der Absender ist:

- ☐ Lehrer/in in den Klassenstufen: ____
- ☐ Fachbetreuer/in
  Fächer: ____
- ☐ Seminarlehrer/in
  Fächer: ____
- ☐ Regierungsfachberater/in
  Fächer: ____
- ☐ Oberstufenbetreuer/in
- ☐ Schulleiter/in
- ☐ Referendar/in, Termin 2. Staatsexamen: ____
- ☐ Leiter/in Lehrerbibliothek
- ☐ Leiter/in Schülerbibliothek
- ☐ Sekretariat
- ☐ Eltern
- ☐ Schüler/in, Klasse: ____
- ☐ Sonstiges: ____

Unterrichtsfächer: (Bei Lehrkräften!)

____

STARK Verlag
Postfach 1852
85318 Freising

19-V1M

Bitte ausfüllen und im frankierten Umschlag an uns einsenden. Für Fensterkuverts geeignet.

Kennen Sie Ihre Kundennummer? Bitte hier eintragen.

Absender (Bitte in Druckbuchstaben!)

Name/Vorname

Straße/Nr.

PLZ/Ort/Ortsteil

Telefon privat

Geburtsjahr

E-Mail

Schule/Schulstempel (Bitte immer angeben!)

Sicher durch alle Klassen!

Lernerfolg durch selbstständiges Üben zu Hause!
Die von Fachlehrern entwickelten Trainingsbände enthalten alle nötigen Fakten und viele Übungen mit schülergerechten Lösungen.

Mathematik – Training

Mathematik – Übertritt an weiterführende Schulen	Best.-Nr. 90001
Mathematik 5. Klasse	Best.-Nr. 90005
Mathematik 5. Klasse Baden-Württemberg	Best.-Nr. 80005
Klassenarbeiten Mathematik 5. Klasse	Best.-Nr. 900301
Mathematik 6. Klasse	Best.-Nr. 900062
Bruchzahlen und Dezimalbrüche	Best.-Nr. 900061
Klassenarbeiten Mathematik 6. Klasse	Best.-Nr. 900302
Algebra 7. Klasse	Best.-Nr. 900111
Geometrie 7. Klasse	Best.-Nr. 900211
Klassenarbeiten Mathematik 7. Klasse	Best.-Nr. 900311
Mathematik 8. Klasse	Best.-Nr. 900121
Lineare Gleichungssysteme	Best.-Nr. 900122
Klassenarbeiten Mathematik 8. Klasse	Best.-Nr. 900321
Algebra 9. Klasse	Best.-Nr. 900138
Geometrie 9. Klasse	Best.-Nr. 900221
Klassenarbeiten Mathematik 9. Klasse	Best.-Nr. 900331
Algebra 10. Klasse	Best.-Nr. 90014
Geometrie 10. Klasse	Best.-Nr. 90024
Klassenarbeiten Mathematik 10. Klasse	Best.-Nr. 900341
Potenzen und Potenzfunktionen	Best.-Nr. 900141
Wiederholung Algebra	Best.-Nr. 90009
Wiederholung Geometrie	Best.-Nr. 90010
Kompakt-Wissen Algebra	Best.-Nr. 90016
Kompakt-Wissen Geometrie	Best.-Nr. 90026

Mathematik – Zentrale Prüfungen

VERA 8 – Mathematik Version C: Gymnasium	Best.-Nr. 955082
Bayerischer Mathematik-Test (BMT) Gymnasium 8. Klasse Bayern	Best.-Nr. 950081
Bayerischer Mathematik-Test (BMT) Gymnasium 10. Klasse Bayern	Best.-Nr. 950001
Vergleichsarbeiten Mathematik 7. Klasse Gymnasium Baden-Württemberg	Best.-Nr. 850061
Vergleichsarbeiten Mathematik 9. Klasse Gymnasium Baden-Württemberg	Best.-Nr. 850081
Vergleichsarbeiten Mathematik 11. Klasse Gymnasium Baden-Württemberg	Best.-Nr. 850011
Zentrale Prüfung 2010 Mathematik – ZP 10 Nordrhein-Westfalen	Best.-Nr. 550001
Mittlerer Schulabschluss Mathematik Berlin	Best.-Nr. 111500
Zentrale Prüfung Mathematik 10. Klasse Gymnasium Brandenburg	Best.-Nr. 1250001
Besondere Leistungsfeststellung Mathematik 10. Klasse Gymnasium Sachsen	Best.-Nr. 1450001
Besondere Leistungsfeststellung Mathematik 10. Klasse Gymnasium Thüringen	Best.-Nr. 1650001

Physik

Physik – Mittelstufe 1	Best.-Nr. 90301
Physik – Mittelstufe 2	Best.-Nr. 90302

Deutsch – Training

Leseverstehen 5./6. Klasse	Best.-Nr. 90410
Rechtschreibung und Diktat 5./6. Klasse mit CD	Best.-Nr. 90408
Grammatik und Stil 5./6. Klasse	Best.-Nr. 90406
Aufsatz 5./6. Klasse	Best.-Nr. 90401
Leseverstehen 7./8. Klasse	Best.-Nr. 90411
Grammatik und Stil 7./8. Klasse	Best.-Nr. 90407
Aufsatz 7./8. Klasse	Best.-Nr. 90403
Aufsatz 9./10. Klasse	Best.-Nr. 90404
Deutsche Rechtschreibung 5.–10. Klasse	Best.-Nr. 90402
Übertritt in die Oberstufe	Best.-Nr. 90409
Kompakt-Wissen Rechtschreibung	Best.-Nr. 944065
Kompakt-Wissen Deutsch Aufsatz Unter-/Mittelstufe	Best.-Nr. 904401
Lexikon Deutsch Kinder- und Jugendliteratur	Best.-Nr. 93443

Deutsch – Zentrale Prüfungen

VERA 8 – Deutsch Version C: Gymnasium	Best.-Nr. 955482
Jahrgangsstufentest Deutsch 6. Klasse Gymnasium Bayern	Best.-Nr. 954061
Jahrgangsstufentest Deutsch 8. Klasse Gymnasium Bayern	Best.-Nr. 954081
Zentrale Prüfung 2010 Deutsch – ZP 10 Nordrhein-Westfalen	Best.-Nr. 554001
Mittlerer Schulabschluss Deutsch Berlin	Best.-Nr. 111540
Besondere Leistungsfeststellung Deutsch 10. Klasse Gymnasium Sachsen	Best.-Nr. 1454001
Besondere Leistungsfeststellung Deutsch 10. Klasse Gymnasium Thüringen	Best.-Nr. 1654001

(Bitte blättern Sie um)

Englisch Grundwissen

Englisch Grundwissen 5. Klasse .... Best.-Nr. 90505
Klassenarbeiten Englisch 5. Klasse mit CD ...... Best.-Nr. 905053
Englisch Grundwissen 6. Klasse .... Best.-Nr. 90506
Klassenarbeiten Englisch 6. Klasse mit CD ...... Best.-Nr. 905063
Englisch Grundwissen 7. Klasse .... Best.-Nr. 90507
Klassenarbeiten Englisch 7. Klasse mit CD ...... Best.-Nr. 905073
Englisch Grundwissen 8. Klasse .... Best.-Nr. 90508
Englisch Grundwissen 9. Klasse .... Best.-Nr. 90509
Englisch Grundwissen 10. Klasse .... Best.-Nr. 90510
Textproduktion 9./10. Klasse .... Best.-Nr. 90541
Englisch Grundwissen Übertritt in die Oberstufe Best.-Nr. 82453

Englisch Kompakt-Wissen

Kompakt-Wissen Kurzgrammatik .... Best.-Nr. 90461
Kompakt-Wissen Grundwortschatz .... Best.-Nr. 90464

Englisch Leseverstehen

Leseverstehen 5. Klasse .... Best.-Nr. 90526
Leseverstehen 6. Klasse .... Best.-Nr. 90525
Leseverstehen 8. Klasse .... Best.-Nr. 90522
Leseverstehen 10. Klasse .... Best.-Nr. 90521

Englisch Hörverstehen

Hörverstehen 5. Klasse mit CD .... Best.-Nr. 90512
Hörverstehen 6. Klasse mit CD .... Best.-Nr. 90511
Hörverstehen 7. Klasse mit CD .... Best.-Nr. 90513
Hörverstehen 9. Klasse mit CD .... Best.-Nr. 90515
Hörverstehen 10. Klasse mit CD .... Best.-Nr. 80457

Englisch Rechtschreibung

Rechtschreibung und Diktat 5. Klasse mit 3 CDs Best.-Nr. 90531
Rechtschreibung und Diktat 6. Klasse mit 2 CDs Best.-Nr. 90532
Englische Rechtschreibung 9./10. Klasse .... Best.-Nr. 80453

Englisch Wortschatzübung

Wortschatzübung 5. Klasse mit CD .... Best.-Nr. 90518
Wortschatzübung 6. Klasse mit CD .... Best.-Nr. 90519
Wortschatzübung Mittelstufe .... Best.-Nr. 90520

Englisch Übersetzung

Translation Practice 1 / ab 9. Klasse .... Best.-Nr. 80451
Translation Practice 2 / ab 10. Klasse .... Best.-Nr. 80452

Englisch Sprachenzertifikat

Sprachenzertifikat Englisch Niveau A 2
mit Audio-CD .... Best.-Nr. 105552
Sprachenzertifikat Englisch Niveau B 1
mit Audio-CD .... Best.-Nr. 105550

Englisch: Zentrale Prüfungen

VERA 8 – Englisch
Version C: Gymnasium .... Best.-Nr. 955582
Jahrgangsstufentest Englisch
6. Klasse mit CD Gymnasium Bayern .... Best.-Nr. 954661
Zentrale Prüfung 2010
Englisch – ZP 10 Nordrhein-Westfalen .... Best.-Nr. 554601
Mittlerer Schulabschluss Berlin Englisch mit CD Best.-Nr. 111550
Besondere Leistungsfeststellung Englisch
10. Klasse mit CD Gymnasium Sachsen .... Best.-Nr. 1454601
Besondere Leistungsfeststellung Englisch
10. Klasse Gymnasium Thüringen .... Best.-Nr. 1654601

Französisch

Französisch im 1. Lernjahr .... Best.-Nr. 905502
Rechtschreibung und Diktat 1./2. Lernjahr
mit 2 CDs .... Best.-Nr. 905501
Französisch im 2. Lernjahr .... Best.-Nr. 905503
Französisch im 3. Lernjahr .... Best.-Nr. 905504
Französisch im 4. Lernjahr .... Best.-Nr. 905505
Wortschatzübung Mittelstufe .... Best.-Nr. 94510
Kompakt-Wissen Kurzgrammatik .... Best.-Nr. 945011
Kompakt-Wissen Grundwortschatz .... Best.-Nr. 905001

Latein

Latein I/II im 1. Lernjahr 5./6. Klasse .... Best.-Nr. 906051
Latein I/II im 2. Lernjahr 6./7. Klasse .... Best.-Nr. 906061
Latein I/II im 3. Lernjahr 7./8. Klasse .... Best.-Nr. 906071
Übersetzung im 1. Lektürejahr .... Best.-Nr. 906091
Übersetzung im 2. Lektürejahr .... Best.-Nr. 906092
Wiederholung Grammatik .... Best.-Nr. 94601
Wortkunde .... Best.-Nr. 94603
Kompakt-Wissen Kurzgrammatik .... Best.-Nr. 906011

Spanisch

Spanisch im 1. Lernjahr .... Best.-Nr. 905401
Spanisch im 2. Lernjahr .... Best.-Nr. 905402

Chemie/Biologie

Chemie – Mittelstufe 1 .... Best.-Nr. 90731
Chemie – Mittelstufe 2 .... Best.-Nr. 90732
Besondere Leistungsfeststellung Chemie
10. Klasse Gymnasium Thüringen .... Best.-Nr. 1657301
Besondere Leistungsfeststellung Biologie
10. Klasse Gymnasium Thüringen .... Best.-Nr. 1657001

Geschichte

Kompakt-Wissen Geschichte
Unter-/Mittelstufe .... Best.-Nr. 907601

Ratgeber „Richtig Lernen"

Tipps und Lernstrategien – Unterstufe .... Best.-Nr. 10481
Tipps und Lernstrategien – Mittelstufe .... Best.-Nr. 10482

Bestellungen bitte direkt an:
STARK Verlagsgesellschaft mbH & Co. KG · Postfach 1852 · 85318 Freising
Tel. 0180 3 179000* · Fax 0180 3 179001* · www.stark-verlag.de · info@stark-verlag.de
*9 Cent pro Min. aus dem deutschen Festnetz, Mobilfunk bis 42 Cent pro Min.
Aus dem Mobilfunknetz wählen Sie die Festnetznummer: 08167 9573-0

STARK

19-V1M